GROUNDED

Faszinierende Flugzeugfriedhöfe weltweit

Foto: Sebastian Thoma | photo.atcpilot.com

GROUNDED

Faszinierende Flugzeug-friedhöfe weltweit

Sebastian Thoma

Motor buch Verlag

Einbandgestaltung: schreiberVIS, Joachim Schreiber

ISBN: 978-3-613-04767-9

Sie finden uns im Internet unter: www.motorbuch-verlag.de

1. Auflage 2025

Layout, Satz und Prepress: schreiberVIS, Seeheim
Druck und Bindung: Conzella, 85609 Aschheim-Dornach
Printed in Germany

Inhalt

Foto: Sebastian Thoma | photo.atcpilot.com

Vorwort

Flugzeuge stehen seit über einem Jahrhundert für Freiheit, Innovation und weltweite Vernetzung. Sie ermöglichen es uns, große Entfernungen in kurzer Zeit zu überwinden und die Welt zu erkunden. In der langen Geschichte der Luftfahrt gab es immer wieder Momente, in denen der Fortschritt abrupt zum Stillstand kam. Diese Momente, in denen Flugzeuge am Boden bleiben, sind Geschichten von Krisen, Wandel und Erneuerung.

„Grounding", also das Flugverbot für Flugzeuge, ist ein Begriff, der normalerweise in der Öffentlichkeit wenig Beachtung findet. Doch in den letzten Jahrzehnten hat dieses Phänomen immer wieder weltweite Aufmerksamkeit erregt. Von der Schließung des amerikanischen Luftraums nach den schrecklichen Ereignissen des 11. September 2001, über das Flugverbot während des Vulkanausbruchs in Island 2010 bis hin zum großflächigen Grounding der Boeing 737 MAX nach tragischen Abstürzen – immer wieder führen Groundings zu massiven Einschnitten im Luftverkehr und in der Gesellschaft.

Nicht nur durch technische Probleme oder außergewöhnliche Ereignisse, sondern auch durch natürliche Alterungsprozesse und die Notwendigkeit nachhaltigerer Lösungen stehen Flugzeuge irgendwann am Ende ihres Lebenszyklus. Flugzeugfriedhöfe, wie sie in den Wüsten von Arizona oder Kalifornien zu finden sind, werden zu stillen Zeugen der gigantischen Maschinen, die einst den Himmel beherrschten.

In diesem Buch möchte ich den Geschichten nachgehen, die sich hinter diesen Groundings verbergen. Was passiert, wenn der Himmel plötzlich leer bleibt? Was geschieht mit den Maschinen, die aus dem Verkehr gezogen werden? Welche technischen und ökologischen Herausforderungen stehen uns in der Zukunft der Luftfahrt bevor?

Die Corona-Pandemie brachte den weltweiten Luftverkehr zum Erliegen und führte uns vor Augen, wie fragil unser modernes Verkehrssystem in Wirklichkeit ist. Ebenso bieten die technologischen Entwicklungen in der Luftfahrt, wie alternative Antriebe und nachhaltiges Fliegen, eine Perspektive für die Zukunft. Das Buch beleuchtet diese unterschiedlichen Facetten – sowohl in Krisenzeiten als auch im Rahmen der Weiterentwicklung der Luftfahrtindustrie.

Ich lade Sie ein, mit mir auf eine Reise durch die faszinierende Welt der Luftfahrt zu gehen – eine Welt, in der der Boden ebenso bedeutsam ist wie die Lüfte. Lassen Sie uns gemeinsam die Geschichten der Flugzeuge entdecken, die am Boden geblieben sind. ◄

PAN AM
PAN AM
PAN AM
TWA

Entwicklung des Luftverkehrs in den letzten 70 Jahren und die Auswirkungen von Krisen

1

Foto: Archiv Spaeth

Die moderne Luftfahrt ist geprägt von technologischen Innovationen, wirtschaftlichem Wachstum und einer immer enger vernetzten Welt. In den letzten sieben Jahrzehnten hat sich der Flugverkehr von einem Luxusgut für wenige Privilegierte zu einem weltweit zugänglichen Verkehrsmittel entwickelt, das jährlich Milliarden von Passagieren befördert. Doch die Luftfahrtbranche ist auch äußerst anfällig für Krisen und globale Ereignisse, die den Betrieb und die wirtschaftliche Stabilität stark beeinflussen können. Von der Ölkrise in den 1970er-Jahren über den Schock der Terroranschläge vom 11. September 2001 bis hin zur Weltwirtschaftskrise 2008 – immer wieder wurden die Wachstumspläne der Branche durch externe Faktoren unterbrochen.

Dieses Kapitel beleuchtet die wichtigsten Meilensteine in der Entwicklung des Luftverkehrs seit den 1950er-Jahren und analysiert, wie Krisen die Branche geprägt und verändert haben.

Die 1950er- und 1960er-Jahre – Der Aufstieg des Jetzeitalters

↓ Die Boeing 707 – hier beim „Roll-Out“ – revolutionierte das Fliegen auf langen Strecken.

Die 1950er-Jahre markierten den Beginn des Jetzeitalters auch in der Passagierfliegerei. Mit der Einführung des Düsenflugzeugs revolutionierte sich die Luftfahrt. Während zuvor das Reisen mit Propellermaschinen zwischen den Kontinenten häufig tagelange Flugreisen – oft mit Zwischenstopps und Motorproblemen – bedeutete, konnten Düsenflugzeuge diese Zeit dramatisch verkürzen und eine komfortablere und ruhigere Reise bieten. Den Anfang machte die britische deHavilland Comet, die 1949 erstmals flog und 1952 in Dienst ging. Mehrere Unfälle in den ersten Betriebsjahren, u. a. durch Materialermüdung, hafteten dem Muster jedoch an und so hatten bald andere Hersteller die Nase vorn, wie z. B. Boeing mit der 707, Douglas mit der DC-8 oder Sud Aviation mit der Caravelle. Die 1958 in Dienst gestellte Boeing 707 war nochmal deutlich leistungsfähiger als die Comet und ermöglichte schnellere und effizientere Transatlantikflüge und brachte den internationalen Flugverkehr endgültig in eine neue Ära.

Foto: Archiv Spaeth

In den 1960er-Jahren war der internationale Flugverkehr noch weitgehend auf Europa und Nordamerika konzentriert. Die Flughäfen dieser Regionen begannen, sich auf den wachsenden Bedarf an Langstreckenflügen einzustellen, und neue Flugzeugmodelle, wie die legendäre Boeing 747, der „Jumbo-Jet“, erlaubten es den Fluggesellschaften, mehr Passagiere zu transportieren und somit auch die Ticketpreise zu senken. Die Boeing 747 nahm 1970 den Passagierdienst auf und stand lange Zeit als Symbol für Massenflugtourismus und eine globalisierte Welt. Sie gilt bis heute als Königin der Lüfte und wurde für viele große Airlines zum Aushängeschild für luxuriöses Reisen. Erstkunde war damals die prestigeträchtige Pan American World Airways (Pan Am). Kurze Zeit später folgte die TWA (Trans World Airlines). Als erste Fluglinie in Europa erhielt die Deutsche Lufthansa den Jumbo. ◄

→ Voller Stolz übernimmt die Lufthansa als erster europäischer Kunde ihren ersten Jumbojet.

Foto: Archiv Spaeth

↓ Flugbegleiterinnen aus aller Welt zeigen ihre Uniform vor der von ihrer Fluggesellschaft bestellten Boeing 747.

Foto: Archiv Spaeth

Die 1970er – Die Ölkrise und erste Rückschläge

Die 1970er-Jahre brachten die erste große Herausforderung für die Luftfahrtindustrie. Die Ölkrise 1973, ausgelöst durch das Embargo der Organisation erdölexportierender Länder (OPEC), führte zu einem drastischen Anstieg der Treibstoffpreise. Für eine Branche, die stark von fossilen Brennstoffen abhängig ist, bedeutete dies einen massiven Anstieg der Betriebskosten. Fluggesellschaften mussten die Ticketpreise erhöhen, was zu einem Rückgang der Passagierzahlen führte. Viele Fluggesellschaften gerieten in finanzielle Schwierigkeiten, und einige kleinere Airlines mussten den Betrieb einstellen oder wurden von anderen Linien übernommen.

In dieser Zeit begann die Industrie auch damit, effizientere Flugzeuge zu entwickeln, die weniger Treibstoff verbrauchten. Flugzeughersteller wie Boeing und Airbus arbeiteten

Foto: Archiv Spaeth

Foto: Archiv Spaeth

↑ Erstkunde der Boeing 737 war die Lufthansa, hier zu sehen am Flughafen Amsterdam Schipol (1969).

an neuen Designs, um der gestiegenen Nachfrage nach wirtschaftlichen Flugzeugen gerecht zu werden. Die Boeing 737, die Ende der 1960er-Jahre eingeführt wurde, gewann in dieser Zeit an Popularität, da sie sich als äußerst effizienter Kurzstreckenjet erwies, der viele Fluggesellschaften durch die Krise brachte. ◂

April 1968.
Lufthansa verbessert das Fliegen.

Die neue Boeing 737 ist ein Beispiel dafür:

Der erste Kurzstrecken-Jet mit dem Komfort der großen Jets.

Mit einer Klimaanlage, die schon arbeitet, während Sie noch einsteigen.

Mit Sitzen, die schon eher Sessel sind und die den Beinen viel Platz lassen. Auch langen Beinen.

Aber die neuen Boeing Jets bringen nicht nur mehr Komfort und kürzere Flugzeiten. Sie machen auch den Wartelisten ein Ende.

Wir verkürzen die Meldeschlußzeit.

Das Fliegen wird immer schneller. Aber manche Flughäfen verlangen immer noch, daß die Fluggäste 90 Minuten vor Abflug da sind.

Wir haben uns das Problem genauer angesehen. Das Ergebnis: Wir konnten die Zeit zwischen Meldeschluß und Abflug verkürzen. Weltweit.

In Rio zum Beispiel von 90 auf 30 Minuten. Ihr Rückflug nach Deutschland wird also 60 Minuten kürzer.

Foto: Archiv Spaeth

→ Besonders der Passagierkomfort wird mit den innovativen Düsenflugzeugen verbessert.

← Das Werksflugzeug vom Typ Boeing 737-100 absolvierte 1967 seinen Erstflug.

Die Deregulierung der 1980er-Jahre

Foto: Dirk Grothe | digroaero.com

← Die amerikanische Pan Am flog in der Besatzungszeit nach Ende des Zweiten Weltkrieges auch innerdeutsch und gehörte zum normalen Bild Deutscher Flughäfen. Hier eine Boeing 727 im Anflug auf Frankfurt.

Ein weiterer bedeutender Wendepunkt in der Geschichte des Luftverkehrs war die Deregulierung der Luftfahrtbranche in den USA im Jahr 1978. Mit dem Airline Deregulation Act wurden die staatlichen Kontrollen über Routen und Tarife aufgehoben. Dies führte zu einem intensiven Wettbewerb zwischen den Flugge-

Foto: Dirk Grothe | digroaero.com

→ Auf der Langstrecke waren Dreistrahler beliebt. Neben Pan Am flog auch die TWA über den großen Teich – hier mit einer Lockheed L-1011 Tristar in Frankfurt.

sellschaften auf diesem großen Markt und eröffnete Möglichkeiten für neue Anbieter. Die Preise für Flugreisen sanken weiter und das Fliegen wurde für eine breitere Bevölkerungsschicht erschwinglicher.

Die Deregulierung brachte aber auch Herausforderungen mit sich. Viele etablierte Fluggesellschaften, die sich auf den stark regulierten Markt eingestellt hatten, mussten sich plötzlich einem intensiven Preiskampf stellen. Einige der großen Namen der Branche, wie Pan Am und TWA, gingen in den folgenden Jahrzehnten in Konkurs. Gleichzeitig stiegen neue Fluggesellschaften auf, wie Southwest Airlines, die durch ihr Modell des Low-Cost-Carriers den Markt aufmischten und bis heute erfolgreich sind. ◂

Foto: Archiv Spaeth

Foto: Archiv Spaeth

↑ Die Deregulierung bedeutete zeitgleich ein Aufstieg der unkonventionellen Low-Cost-Carrier. Darüber freute sich Mitgründer und CEO Herb Kelleher.

← Die 737 verfügten über ausklappbare Treppen. Das beschleunigte die Bodenzeiten, da Gangways oder Treppen von außen überflüssig wurden.

Die 1990er – Globalisierung und technologische Fortschritte

Die 1990er-Jahre waren eine Zeit des erneuten Wachstums für den Luftverkehr. Die Globalisierung der Weltwirtschaft führte zu einem rasanten Anstieg des internationalen Handels und der Nachfrage nach Geschäftsreisen. Gleichzeitig sorgten neue Technologien für mehr Effizienz und Sicherheit im Luftverkehr. Flugzeuge wurden leiser, effizienter und umweltfreundlicher, und die Flughäfen passten sich dem zunehmenden Verkehr an.

In diesem Jahrzehnt erlangte Airbus mit dem A320 international zunehmend Bedeutung. Zusammen mit der Boeing 737 ist es heute das meistverkaufte Verkehrsflugzeug weltweit. Bahnbrechende Neuerungen wie die Fly-By-Wire-Steuerung sorgten für eine Erhöhung der Sicherheit und mehr Komfort. Auch die Boeing 737 erhielt über die Jahre zahlreiche Neuerungen, vor allem durch verbesserte Triebwerke.

Ein weiteres wichtiges Ereignis in dieser Zeit war die Einführung des Global Distribution Systems (GDS), das es Passagieren ermöglichte, Flüge über das Internet zu buchen. Dieser technologische Fortschritt veränderte das Buchungsverhalten und ebnete den Weg für die Entstehung von Online-Reisebüros und Buchungs-Webseiten. Die Digitalisierung ermöglichte es den Fluggesellschaften, ihre Prozesse zu automatisieren und Kosten zu senken, während sie den Kunden mehr Flexibilität boten. ◀

↓ Der A320 war eine echte Innovation. Anfangs noch belächelt, ist Airbus längst zum Weltmarktführer geworden. In Toulouse steht der erste Prototyp (MSN001). Mittlerweile sind schon fast 13.000 Maschinen der A320-Familie ausgeliefert und rund 20.000 Maschinen bestellt worden.

Foto: Sebastian Thoma | photo.atcpilot.com

Foto: Sebastian Thoma | photo.atcpilot.com

← Auch die Boeing 737 wurde trotz ihrer konventionellen Flugsteuerung weiter entwickelt und erhielt über die Jahre ökonomische CFM56-Triebwerke und später Modifikationen an den Flügelspitzen und im Cockpit.

↓ Das moderne Cockpit des Airbus A320 mit seiner Fly-By-Wire-Steuerung wurde zum absoluten Erfolg. Bis heute ist die A320-Familie der Kassenschlager des europäischen Flugzeugherstellers. Mittlerweile wurden über 12.000 Maschinen des Typs gebaut. Sie sind bei Airlines auf der ganzen Welt im Einsatz. Mit effizienteren Triebwerken sind heute sogar Langstreckenflüge von Österreich nach Indien oder von Spanien in die USA mit dem einst als Kurzstreckenflugzeug entwickelten Typ möglich.

Foto: Sebastian Thoma | photo.atcpilot.com

Der Schock von 9/11 – Ein Wendepunkt in der Luftfahrtsicherheit

Dann kam der 11. September 2001. Dieser dunkle Tag in der Geschichte des Luftverkehrs brachte weitreichende Folgen für die Branche mit sich. Neben der menschlichen Tragödie führte der Anschlag zu einem dramatischen Rückgang der Passagierzahlen. Viele Menschen vermieden es, zu fliegen und das Vertrauen in die Sicherheit des Luftverkehrs war stark erschüttert. Fluggesellschaften weltweit sahen sich mit massiven finanziellen Verlusten konfrontiert.

Die amerikanische Regierung führte eine Reihe von Sicherheitsreformen ein, darunter die Gründung der Transportation Security Administration (TSA) und strengere Sicherheitskontrollen an Flughäfen. Die Einführung von Metalldetektoren, Körperscannern und umfassenden Gepäckkontrollen wurde zur Norm, was das Flugerlebnis veränderte und für viele Passagiere zusätzlichen Zeitaufwand und Stress bedeutete. Darüber hinaus hatte der 11. September auch geopolitische Auswirkungen auf den internationalen Luftverkehr. Insbesondere der Konflikt im Nahen Osten und die daraus resultierende Instabilität in der Region führten dazu, dass viele Fluggesellschaften bestimmte Routen vermieden oder zusätzliche Sicherheitsmaßnahmen ergriffen.

Um die Schließung des kompletten Luftraums über den Vereinigten Staaten und das spontane Grounding aller Flüge geht es in Kapitel 3. ◂

Foto: Gabichan2020

← Das Museum am „Ground Zero" zeigt Exponate der schrecklichen Ereignisse. Hier zu sehen ist ein Fenster des Flugzeuges, welches in einen der zwei Türme flog.

→ Am 11. September 2001 um 9:03 Uhr Ortszeit trifft United-Airlines-Flug 175 den Südturm des World Trade Centers – nur 17 Minuten nach dem ersten Einschlag in den Nordturm. Dieses Foto dokumentiert den genauen Moment der Explosion und markiert einen der folgenreichsten Terrorakte der Geschichte, der die Weltpolitik, Sicherheitsstrukturen und das internationale Verständnis von Bedrohung nachhaltig veränderte. Es ist einer von vier koordinierten Terroranschlägen an diesem Tag, ausgeführt durch islamistische Attentäter, bei denen insgesamt fast 3.000 Menschen ums Leben kamen.

Foto: Flickr user TheMachineStops (Robert J. Fisch)

Die Weltwirtschaftskrise 2008 – Ein Rückgang des Geschäftsreiseverkehrs

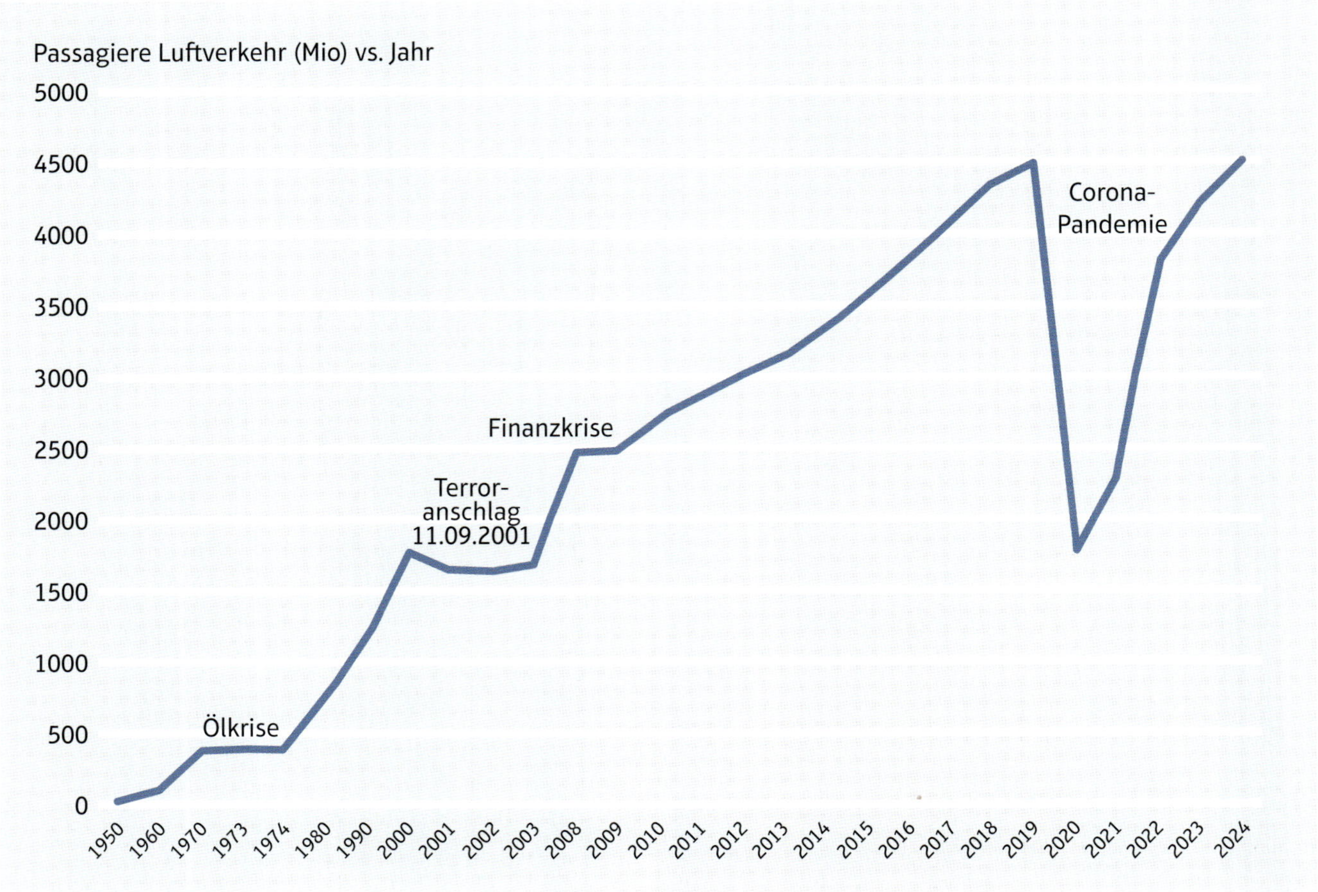

↑ Die Entwicklung der Passagierzahlen weltweit zeigt eindrücklich, wie anfällig die Luftfahrt ist. Finanzkrisen schaden dem Luftverkehr immens und bremsten das Wachstum. Besonders dramatisch aber entwickelte sich die Corona-Pandemie, die den Luftverkehr 2020 zurück auf das Niveau von 1985 katapultierte.

Die globale Finanzkrise von 2008 führte zu einem weiteren Einbruch in der Luftfahrtindustrie. Besonders der Geschäftsreiseverkehr, der einen erheblichen Teil der Einnahmen vieler Fluggesellschaften ausmacht, ging drastisch zurück, da Unternehmen ihre Reisebudgets einschränkten. Der Einbruch im internationalen Handel und die Rezession in vielen Industrieländern führten zu einem Rückgang der Passagierzahlen und einem starken Wettbewerb um die verbleibenden Kunden.

Viele Fluggesellschaften mussten ihren Betrieb straffen, Kosten senken und sich auf profitable Routen konzentrieren. Einige Fluggesellschaften gingen in Konkurs oder wurden von Konkurrenten aufgekauft, was die Konsolidierung der Branche beschleunigte. Gleichzeitig stiegen jedoch die Billigfluggesellschaften weiter auf. Anbieter wie Ryanair und EasyJet profitierten von der Nachfrage nach günstigen Reisemöglichkeiten, insbesondere in Europa. ◄

Krisen als Katalysator für Veränderungen

Jede Krise, ob wirtschaftlich, politisch oder sicherheitsrelevant, hat die Luftfahrtindustrie nachhaltig verändert. In vielen Fällen fungieren solche Krisen als Katalysator für Innovationen und Reformen. Fluggesellschaften und Flugzeughersteller mussten ihre Geschäftsmodelle anpassen, und technologische Fortschritte wurden beschleunigt. Ob es sich um effizientere Triebwerke, neue Sicherheitsmaßnahmen oder digitale Technologien handelt – die Herausforderungen, denen sich die Branche stellen musste, haben letztendlich zu einem moderneren, sichereren und effizienteren Luftverkehrssystem geführt. ◂

Auflistung bedeutender Fluggesellschaften, die den Betrieb eingestellt haben:

Fluggesellschaft		Jahr der Einstellung	Hauptgründe
	Pan Am	1991	Finanzielle Problem und Konkurrenzdruck nach Deregulierung, Terroranschlag von Lockerbie, Übernahme durch Delta Air Lines
	TWA	2001	Schulden, Wettbewerb, Übernahme durch American Airlines
	Swissair	2001	Finanzkrise durch gescheiterte Expansion und Missmanagement, Liquiditätsprobleme nach 11. September 2001
	Sabena	2001	Finanzielle Probleme durch Pleite von Anteilseigner Swissair (49 %), aufgegangen in SN Brussels Airlines
	Air Berlin	2017	Fehlende Rentabilität und Schulden, starke Konkurrenz von Premium- und Billigfluggesellschaften, hohe Kosten nach Übernahmen von LTU, deutsche BA und NIKI
	Monarch Airlines	2017	Unprofitabler Langstreckenbetrieb, veraltete Flotte, Brexit-Belastungen
	Thomas Cook Airlines	2019	Hohe Schulden, weniger Verkauf von Pauschalreisen durch Onlineportale, Brexit-Belastungen
	Alitalia	2021	Finanzielle Probleme über Jahrzehnte trotz Steuerhilfen von rund 10 Milliarden Euro, staatliche Eingriffe und Wettbewerbsdruck, COVID-19-Krise

SEA
PDX
SFO
SJC
SLC
DEN
DFW
SEA
PDX
SLC
SFO
DEN
MSP
BOS
MCI
STL
IND
LAS
LAX
SAN
PHX
DFW
MEM
BNA
RDU
IAH
TPA
MIA
September 11, 2001
09:27 AM EDT
Flights
4,055
September 11, 2001
11:11 AM EDT
Flights
665

2

Luftraumschließung über den USA am 11. September 2001

Gehen wir in der Geschichte zurück, gab es zahlreiche weitere Groundings, die alle verschiedene Gründe hatten. Die Auswirkungen dieser Ereignisse waren jedoch jedes Mal immens.

Am 11. September 2001 erlebten die Vereinigten Staaten den verheerendsten Terroranschlag in ihrer Geschichte. Die Auswirkungen dieses Tages erschütterten die gesamte Welt. Der Anschlag auf das World Trade Center in New York City und das Pentagon in Washington D.C. durch entführte Flugzeuge löste eine beispiellose Reaktion aus – nicht nur in politischer und militärischer Hinsicht, sondern auch im Luftverkehr. Zum ersten Mal in der Geschichte wurden alle zivilen Flugzeuge im amerikanischen Luftraum angewiesen, sofort zu landen. Der gesamte US-Luftraum wurde geschlossen und tausende Flugzeuge blieben am Boden. Dieses Kapitel beleuchtet die dramatischen Ereignisse des Tages und ihre weitreichenden Folgen für die Luftfahrtindustrie.

Der Schock des 11. September 2001

Am Morgen des 11. September starteten vier Passagierflugzeuge von verschiedenen Flughäfen an der amerikanischen Ostküste, ohne dass jemand ahnte, dass diese Routineflüge bald zur Tragödie führen würden. Um 8:46 Uhr krachte das erste entführte Flugzeug, American Airlines Flug 11, in den Nordturm des World Trade Centers. Nur wenige Minuten später, um 9:03 Uhr, traf United Airlines Flug 175 den Südturm. Um 9:37 Uhr schlug das dritte Flugzeug, American Airlines Flug 77, im Pentagon ein. Das vierte Flugzeug, United Airlines Flug 93, stürzte nach einem Kampf zwischen Passagieren und den Entführern um 10:03 Uhr in einem Feld in Pennsylvania ab.

Diese Angriffe hatten verheerende menschliche und infrastrukturelle Folgen. Tausende Menschen kamen ums Leben, die ganze Welt war schockiert und die amerikanische Regierung reagierte schnell. Bereits um 9:45 Uhr, noch während der Angriffe, erließ die Federal Aviation Administration (FAA) eine historische Anweisung: Der gesamte amerikanische Luftraum sollte geschlossen und alle sich in der Luft befindlichen zivilen Flugzeuge umgehend zur Landung gebracht werden. ◂

Foto: Halifax International Airport Authority

← Viele Langstreckenflugzeuge mussten auf dem Weg in die USA außerplanmäßig landen. Hier zu sehen sind abgestellte Flugzeuge in Halifax, Kanada.

Die Schließung des US-Luftraums

Die Entscheidung, den gesamten zivilen Luftraum zu schließen, war beispiellos. Rund 4.500 Flugzeuge befanden sich zu diesem Zeitpunkt in der Luft, viele davon auf internationalen Flügen. Alle diese Maschinen erhielten die Anweisung, auf dem nächstgelegenen Flughafen zu landen. Für die Piloten und Fluglotsen war dies eine gigantische logistische Herausforderung: Innerhalb kürzester Zeit mussten Tausende von Flugzeugen sicher landen, ohne dass Flughäfen sich in irgendeiner Form darauf vorbereiten konnten. Es war quasi eine Notlandung in einem nie dagewesenen Ausmaß.

Besonders herausfordernd war die Situation für internationale Flüge, die über den Atlantik oder den Pazifik in Richtung USA unterwegs waren. Für viele dieser Flüge, die bereits weit fortgeschritten waren, gab es keine Möglichkeit, umzukehren. Kanada, dessen Luftraum ebenfalls in Alarmbereitschaft war, erklärte sich bereit, mehrere Hundert dieser Flüge aufzunehmen. In einer als „Operation Yellow Ribbon" bekannten Aktion landeten Hunderte von Flugzeugen auf kanadischen Flughäfen, insbesondere in abgelegenen Orten wie Gander in Neufundland, wo die Bevölkerung spontan Unterkünfte und Verpflegung für Tausende von gestrandeten Passagieren organisierte. ◂

Foto: Halifax International Airport Authority

→ Um die zahllosen Flugzeuge aufnehmen zu können, die bereits über dem Atlantik Richtung USA unterwegs waren, jedoch keine Einflugfreigabe in die USA erhielten, entschloss man sich in Halifax dazu, eine Landebahn zu sperren um Platz für die gestrandeten Luftfahrzeuge zu schaffen.

Der leere Himmel

Nach nur wenigen Stunden war der amerikanische Himmel leer. Es war ein Anblick, der sich tief in das Gedächtnis der Nation eingebrannt hat. Für mehrere Tage blieb der gesamte zivile Flugverkehr in den USA eingestellt. Diese Entscheidung führte nicht nur zu weitreichenden wirtschaftlichen Auswirkungen, sondern veränderte auch das Leben von Millionen von Menschen, die auf Flugreisen angewiesen waren – sowohl privat als auch beruflich. Die Flughäfen, die normalerweise von hektischem Treiben erfüllt waren, lagen still und die Landebahnen, auf denen die Flugzeuge normalerweise im Minutentakt starteten und landeten, waren plötzlich verlassen.

Neben der allgemeinen Schließung des Luftraums gab es auch strikte Kontrollen im militärischen Bereich. Jedes Flugzeug, das sich dem amerikanischen Luftraum näherte, wurde als potenzielle Bedrohung betrachtet. Kampfjets der US-Luftwaffe patrouillierten ununterbrochen über den großen Städten und wichtigen Infrastrukturpunkten des Landes. ◂

Langfristige Auswirkungen auf die Luftfahrtindustrie

Der 11. September hatte nicht nur kurzfristige Auswirkungen auf den Luftverkehr, sondern veränderte die Luftfahrtindustrie grundlegend. In den Wochen nach den Anschlägen blieben die Passagierzahlen sehr niedrig und viele Menschen vermieden es aus Angst vor weiteren Anschlägen, mit dem Flugzeug zu reisen. Die großen amerikanischen Fluggesellschaften erlitten massive finanzielle Verluste und mehrere Fluggesellschaften mussten in den Folgejahren Insolvenz anmelden oder sich mit drastischen Sparmaßnahmen über Wasser halten.

Die Sicherheitsvorkehrungen an Flughäfen wurden weltweit verschärft. In den USA wurde die Transportation Security Administration (TSA) gegründet, die ab 2002 für die strenge Überprüfung aller Passagiere und des Fluggepäcks verantwortlich war. Sicherheitskontrollen, die vor dem 11. September vergleichsweise locker gewesen waren, wurden drastisch verschärft. Die Einführung von Sicherheits-Scannern, verschärften Einreisebestimmungen und umfangreichen Überprüfungen vor dem Boarding veränderte die Reisegewohnheiten der Passagiere nachhaltig.

Zusätzlich wurden die Türen zu den Cockpits in Flugzeugen verstärkt und durch zusätzliche Sicherheitsmaßnahmen geschützt. Es wurde verhindert, dass unbefugte Personen das Cockpit betreten können, was das Risiko einer Entführung drastisch senkte. ◄

Persönliche Geschichten – Menschen im Ausnahmezustand

Die Schließung des amerikanischen Luftraums am 11. September 2001 war eine beispiellose logistische und emotionale Herausforderung für alle, die an diesem Tag im Flugverkehr tätig waren. Besonders für Piloten, Fluglotsen und das Bodenpersonal begann ein Kampf gegen die Zeit. Plötzlich mussten Tausende von Flugzeugen, die sich bereits in der Luft befanden, schnell und sicher auf den Boden gebracht werden, während Unsicherheit und Angst allgegenwärtig waren. Ihre persönlichen Geschichten bieten einen tiefen Einblick in die Extremsituation, die sich damals abspielte.

→ Neben Halifax erlangte auch Gander große Bekanntheit durch die Unterstützung im Rahmen der Operation Yellow Ribbon.

Foto: Town of Gander

Piloten – Entscheidungen in Sekunden

Viele Piloten, die sich am 11. September in der Luft befanden, wussten zunächst nichts von den Terroranschlägen. Informationen erreichten sie oft nur lückenhaft und es dauerte einige Zeit, bis die Nachricht von der vollständigen Luftraumschließung alle Flugzeuge erreichte. Als die Order kam, sofort zu landen, standen die Piloten vor einer immensen Herausforderung: Wo sollten sie landen, wie sollten sie mit den Passagieren an Bord kommunizieren und welche weiteren Informationen konnten sie erwarten?

Ein Pilot, der anonym bleiben möchte, erinnerte sich, wie er gerade mit einer Maschine auf dem Weg von Europa nach New York über den At-

↓ Auch in Gander wurde der Platz eng, sodass man gezwungen war, neben Abstellplätzen auf dem Vorfeld auch Rollbahnen zu schließen, um die Masse an Flugzeugen zu beherbergen.

Foto: Town of Gander

Foto: Town of Gander

Foto: Town of Gander

Foto: Town of Gander

Foto: Town of Gander

↑ Zwischen den zahlreichen Passagiermaschinen, die auf der Landebahn und dem Rollweg abgestellt wurden findet sich auch ein Militärtransporter vom Typ C-5 Galaxy.

Foto: Town of Gander

↑ Die Vierstrahler von Air France (Boeing 747) und Lufthansa (A340) benötigen besonders viel Platz auf dem Vorfeld des kleinen Provinzflughafens.

lantik flog, als er von der plötzlichen Luftraumschließung erfuhr. Er beschreibt den Moment als „einen Schock“. Zunächst wusste er nicht, warum der amerikanische Luftraum geschlossen wurde. „Wir hörten Gerüchte, dass etwas Großes passiert war, aber niemand wusste, was genau. Als wir dann die Information bekamen, dass wir landen müssen, war es schwierig, einen Flughafen zu finden, der uns aufnehmen konnte.“

Er wurde angewiesen, nach Gander (Neufundland, Kanada) auszuweichen, wo mehrere Hundert andere Flugzeuge ebenfalls landen sollten. Der kleine Flughafen Gander, der normalerweise nur eine Handvoll internationale Flüge pro Tag abfertigt, sah sich plötzlich mit Unmengen von Flugzeugen konfrontiert, die alle gleichzeitig landen wollten. Der Pilot erinnert sich daran, wie er mit seiner Crew diskutierte, wie sie die Situation den Passagieren erklären sollten: „Wir hatten so viele Fragen und so wenige Antworten. Wir konnten den Passagieren nur sagen, dass wir aufgrund von Sicherheitsbedenken nach Kanada umgeleitet werden.“

In Gander angekommen, mussten die Piloten ihre Flugzeuge stundenlang auf der Landebahn geparkt lassen, während die Behörden mit den logistischen Herausforderungen kämpften. Viele Besatzungsmitglieder verbrachten Tage in ihren Flugzeugen oder auf dem Flughafen, während ihre Passagiere in Notunterkünften untergebracht wurden.

Ein anderer Pilot, der auf einem Inlandsflug von Los Angeles nach Chicago war, beschrieb die Atmosphäre im Cockpit als „angespannt und ungewiss“. Als er die Order erhielt, sofort zu landen, wurde er angewiesen, den nächstgelegenen Flughafen anzufliegen. „Wir hatten keine Zeit für viele Erklärungen. Wir mussten sicherstellen, dass wir so schnell wie möglich sicher landen.“ Als er in Denver landete, erfuhr er endlich die vollen Ausmaße der Anschläge. „Ich erinnere mich an das Gefühl, dass sich die Welt in diesem Moment verändert hatte."

Fluglotsen – Ein Moment der absoluten Kontrolle

Während Piloten darum kämpften, ihre Flugzeuge sicher auf den Boden zu bringen, standen die Fluglotsen im Zentrum des Geschehens. Sie mussten Tausende von Flugzeugen gleichzeitig koordinieren und sicherstellen, dass es zu keinen Kollisionen in der Luft oder am Boden kam. Es war ein nie dagewesener Ausnahmezustand.

Ein Fluglotse in Boston berichtete von der hektischen Atmosphäre im Kontrollzentrum: „Wir hatten innerhalb weniger Minuten den Befehl, alle Flugzeuge sofort zur Landung zu bringen. So etwas hatte es noch nie gegeben und es gab keine Vorbereitungen dafür." Normalerweise überwachen Fluglotsen den Luftraum nach festen Plänen und Absprachen mit den Piloten, doch am 11. September wurde dieses System auf den Kopf gestellt.

„Wir mussten schnell handeln. Innerhalb kürzester Zeit mussten wir für jedes Flugzeug einen sicheren Landeort finden und sicherstellen, dass die Abstände zwischen den Maschinen ausreichten, um Unfälle zu verhindern."

Ein Fluglotse aus Chicago beschrieb die Kommunikation mit den Piloten als „angespannt, aber professionell". Die Piloten wussten, dass die Lotsen unter extremem Druck standen, aber alle arbeiteten ruhig und koordiniert, um die Sicherheit zu gewährleisten. „Es war ein ständiges Hin und Her. Jeder Pilot wollte so viele Informationen wie möglich."

Besonders dramatisch waren die Momente, in denen die Fluglotsen versuchten, mit Flugzeugen Kontakt aufzunehmen, die nicht auf Anrufe reagierten. Jeder unbestätigte Funkkontakt wurde als potenzielle Bedrohung angesehen und es gab mehrere Momente, in denen Fluglotsen befürchteten, dass sich weitere entführte Flugzeuge in der Luft befinden könnten.

Die Operation „Yellow Ribbon" – Kanadas beispiellose Unterstützung

Eine besondere Rolle spielten die kanadischen Fluglotsen und das Bodenpersonal, insbesondere in Gander, Halifax und anderen kleineren Städten. Sie mussten innerhalb kürzester Zeit Hunderte von internationalen Flügen, die in Richtung USA unterwegs waren, umleiten und sicher landen lassen. Die Aktion erhielt den Namen „Operation Yellow Ribbon" und steht heute als Symbol für internationale Solidarität in einer Krisensituation.

Ein Fluglotse in Gander erinnert sich, wie er im Minutentakt Flugzeuge

Foto: Town of Gander

Foto: Town of Gander

↑ In kürzester Zeit fanden sich dutzende Einwohner der Stadt Gander ein und halfen die zahllosen gestrandeten Passagiere zu versorgen.

Foto: Town of Gander

Foto: Town of Gander

←← Im Zeitalter vor Smartphones war der Informationsfluss zunächst schwierig. Kurzerhand richtete man einen „Newsroom“ mit einem Fernseher in einem der Flughafenbüros ein.

← Um sich zu informieren und die Familien zu kontaktieren wurde ein Internetcafé eingerichtet. So konnten gestrandete Passagiere Kontakt zu ihrer Heimat aufnehmen.

↓ Da in der Kleinstadt kaum Hotels zur Verfügung standen, wurde eine Turnhalle kurzerhand zu einem Schlafsaal umgebaut. Viele Passagier fanden auch bei einheimischen Familien Unterschlupf.

aus Europa hereinkommen sah: „Es war surreal. Normalerweise haben wir vielleicht vier oder fünf große internationale Flugzeuge am Tag. Jetzt landeten über 30 Maschinen innerhalb von Stunden.“ Die Landebahnen und Rollfelder waren schnell überfüllt, und bald mussten Flugzeuge auf den angrenzenden Militärbasen und kleineren Flugfeldern abgestellt werden.

Auch die Bevölkerung von Gander, einer Stadt mit weniger als 10.000 Einwohnern, zeigte in diesen Tagen eine bemerkenswerte Gastfreundschaft. Hunderte von Bewohnern öffneten ihre Häuser für die gestrandeten Passagiere und boten ihnen Unterkunft und Verpflegung, während sie darauf warteten, weiterreisen zu können. Viele dieser „Gäste“ blieben mehrere Tage in der Stadt, bis der Luftraum wieder geöffnet wurde.

Foto: Town of Gander

Turnhallen, Feuerwehrhäuser und Gästezimmer der Einwohner wurden zu Schlafplätzen. Verpflegung für tausende Passagiere musste organisiert werden. Sie bekamen außerdem Zugang zu Computern um ihre Familien zu informieren. Es sollte mehrere Tage dauern, bis die Maschinen wieder abheben konnten. Das letzte gestrandete Flugzeug verließ Gander am 16. September 2001. Als Dank für die Unterstützung Kanadas bei der

Foto: Town of Gander

← Am 16. September, also erst fünf Tage nach den Anschlägen verließ das letzte Flugzeug den Flughafen Gander.

Foto: Town of Gander

Foto: Sebastian Thoma | photo.atcpilot.com

Betreuung der Passagiere widmete die Lufthansa den Ereignissen im Folgejahr einen Airbus A340-300 und taufte die Maschine auf den Namen Gander/Halifax. Sie ist noch heute im aktiven Liniendienst. ◂

↑ Auch Kirchen stellten Schlafplätze in dieser Ausnahmesituation zur Verfügung.

↑ Viele Flugzeuge der Lufthansa sind mit einem Städtenamen getauft. Der Airbus A340-300 mit der Kennung „D-AIFC" trägt jedoch als Dank an die beispiellose Hilfsaktion den Namen beider Städte und wurde auf „Gander/Halifax" getauft. Sie ist noch heute im aktiven Liniendienst.

Die Rückkehr des Luftverkehrs

Die Wiederaufnahme des Luftverkehrs in den Tagen und Wochen nach dem 11. September war von Unsicherheit geprägt. Es dauerte eine Weile, bis die Flugzeuge wieder regelmäßig abhoben und die Passagierzahlen langsam zunahmen. Die neuen Sicherheitsmaßnahmen veränderten das Reiseerlebnis für immer, und das Vertrauen in die Sicherheit des Flugverkehrs musste erst wiederhergestellt werden.

Trotz der schrecklichen Ereignisse des 11. September und der langfristigen Auswirkungen auf die Luftfahrtindustrie führte diese Krise auch zu einer tieferen Zusammenarbeit zwischen den internationalen Sicherheitsbehörden und zu weitreichenden Reformen im Bereich der Luftfahrtsicherheit. Der 11. September 2001 bleibt ein Tag, der die Luftfahrt nachhaltig verändert hat – ein Tag, an dem die Welt für einen Moment im wahrsten Sinne stillstand. ◂

→ Vor dem neu erbauten World Trade Center in Manhattan liegt das „9/11 Memorial". Zwei riesige Wasserbecken symbolisieren die Standorte der zwei Türme. Auf den Außenwänden stehen die Namen aller Menschen, die an diesem Tag auf tragische Weise ihr Leben verloren.

Foto: Prasanth Thalla

Foto: Paul Sableman

David Karnà

3 Der Eyjafjallajökull und sein globaler Einfluss auf den Luftverkehr

Am 14. April 2010 brach der isländische Vulkan Eyjafjallajökull aus und verursachte eine der gravierendsten Störungen im modernen internationalen Luftverkehr. Der Ausbruch war nicht nur ein geologisches Ereignis von großer Bedeutung, sondern auch ein Weckruf für die Luftfahrtindustrie, die sich plötzlich mit den weitreichenden Auswirkungen eines natürlichen Phänomens konfrontiert sah.

Der Eyjafjallajökull ist ein Stratovulkan im Süden Islands, der unter einem Gletscher desselben Namens liegt. Wie viele Vulkane Islands liegt er auf der Mittelatlantischen Schwelle, einer geologischen Plattengrenze, an der die eurasische und die nordamerikanische Platte auseinanderdriften. Diese tektonische Aktivität führt zu regelmäßigen Vulkanausbrüchen auf der Insel.

Der Ausbruch 2010 begann zunächst mit einer Phase im März, bei der Lava an die Oberfläche trat. Am 14. April kam es jedoch zu einer explosiven Eruption. Als Magma mit dem Eis des Gletschers in Kontakt kam, verdampfte das Wasser schlagartig, was eine enorme Druckzunahme verursachte. Diese explosive Reaktion schleuderte Vulkanasche bis in eine Höhe von rund 9 Kilometern in die Atmosphäre.

Entstehung einer Aschewolke

Ausgestoßene Vulkanasche besteht aus feinsten Partikeln vulkanischen Glases, Mineralien und Gesteinsfragmenten. Diese Partikel sind so fein, dass sie von den Windströmungen in der Troposphäre über weite Entfernungen getragen werden können. Eine besondere Herausforderung stellt die chemische Zusammensetzung der Asche dar. Die Partikel sind nicht nur scharfkantig, sondern auch leitfähig und können bei Kontakt mit den heißen Triebwerkskomponenten von Flugzeugen schmelzen. Sie „verbacken" sich regelrecht mit den Triebwerksteilen, verstopfen Kühlkanäle an den Turbinenschaufeln usw. Dies kann zu massiven Beschädigungen, Triebwerksausfällen und damit zu extrem gefährlichen Situationen führen.

Foto: NASA

→ Auf Satellitenbildern ist die gigantische Aschewolke zu sehen und der Einfluss von Wind und Wetter. Der dichte Rauch streut immer breiter mit zunehmender Entfernung zum Ausbruch und steigt durch die Hitze in enorme Höhen.

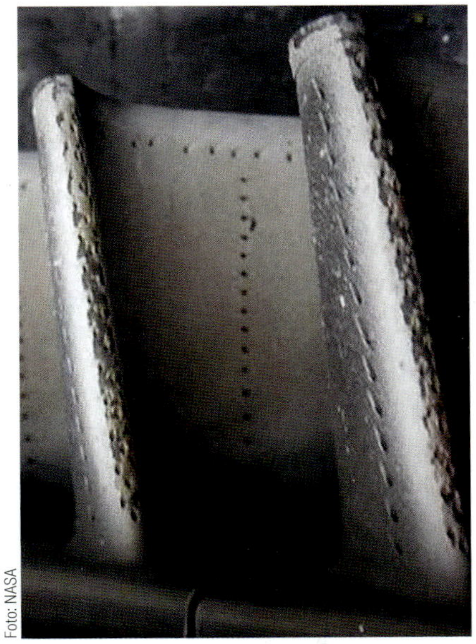

Foto: NASA

← Detailansicht eines Triebwerks einer DC-8 der NASA: Nach dem unbeabsichtigten Durchflug einer nicht sichtbaren Vulkanaschewolke des Hekla im Jahr 2000 zeigten Untersuchungen verstopfte Kühlluftkanäle durch mikroskopisch feine Aschepartikel – ein Risiko für die thermische Stabilität des Triebwerks.

Illustration: schreiberVIS, Joachim Schreiber

↑ Europäische Luftraumsperrungen infolge der Eyjafjallajökull-Eruption im April 2010: Farblich markiert sind die Länder und Lufträume mit vollständigen (rot) und teilweisen (orange, hellorange, gelb) Schließungen an den Tagen vom 15. bis 17. April – ein beispielloser Eingriff in den zivilen Luftverkehr.

Auswirkungen auf den Luftverkehr

Die Vulkanaschewolke breitete sich schnell über den Nordatlantik und weite Teile Europas aus. Die Sichtbarkeit der Aschewolke war gering, da die feinen Partikel mit bloßem Auge kaum erkennbar waren. Bereits in den ersten Tagen nach der Eruption wurden Flüge in weiten Teilen des europäischen Luftraums eingestellt. Insgesamt wurden zwischen dem 15. und 21. April 2010 über 100.000 Flüge gestrichen, was etwa 10 Millionen Passagiere betraf. Die Entscheidung, den Luftraum zu sperren, beruhte auf strengen Sicherheitsvorschriften der Luftfahrtbehörden. Diese waren nach Vorfällen in der Vergangenheit entstanden, bei denen Flugzeuge in Aschewolken gerieten. Ein bekannter Fall war der Beinahe-Absturz eines British-Airways-Flugs über Indonesien im Jahr 1982, als alle vier Triebwerke einer Boeing 747 ausfielen, nachdem die Maschine in eine Aschewolke des Mount Galunggung geraten war. Es gelang den Piloten zwar nach einiger Zeit, die Triebwerke wieder zu starten und auf einem nahegelegenen Flughafen notzulanden, aber die Situation war sehr gefährlich und hätte auch anders enden können. Dieses Ereignis machte die Gefährlichkeit von Vulkanasche deutlich.

Die Fluggesellschaften und Flughäfen erlitten massive finanzielle Verluste. Allein die europäische Luftfahrtindustrie bezifferte die Kosten auf etwa 1,7 Milliarden Euro. Auch andere Branchen, die auf Luftfracht angewiesen waren, wie der Blumenhandel in Kenia oder die Elektronikindustrie in Asien, waren betroffen.

Lektionen für die Zukunft

Der Ausbruch des Eyjafjallajökull zeigte, wie anfällig der moderne Luftverkehr für natürliche Phänomene ist. In der Folge wurden die wissenschaftliche Forschung und die technischen Möglichkeiten zur Überwachung von Vulkanasche erheblich verbessert. Satellitentechnologie, LIDAR-Systeme (Light Imaging, Detection And Ranging) und Modellierungen der Ascheverteilung wurden weiterentwickelt, um zukünftige Vorfälle besser handhaben zu können. Darüber hinaus wurden die internationalen Richtlinien zur Handhabung von Vulkanasche im Luftverkehr angepasst. Statt pauschaler Luftraumsperrungen wird heute versucht, betroffene Gebiete präziser zu identifizieren. ◂

4 Stillstand an Flughäfen und gegroundete Flugzeuge während der Corona-Pandemie

Im Jahr 2020 durchlebte die Welt eine der größten globalen Krisen der modernen Zeit: die COVID-19-Pandemie. Sie brachte nicht nur das gesellschaftliche und wirtschaftliche Leben in vielen Ländern zum Stillstand, sondern auch den weltweiten Luftverkehr. Noch nie zuvor in der Geschichte der Luftfahrt hatten so viele Flugzeuge gleichzeitig am Boden gestanden. Riesige Verkehrsflughäfen waren verwaist und Hunderte von Maschinen auf Parkplätzen weltweit geparkt. Es war ein Bild des Stillstands, das die Luftfahrtbranche, die für ihre ständige Bewegung und Vernetzung bekannt ist, tief erschütterte.

Die Rolle des Luftverkehrs vor der Pandemie

Vor der Pandemie befand sich der Luftverkehr in einer Phase stetigen Wachstums. Weltweit stiegen jährlich etwa 4,5 Milliarden Passagiere in Flugzeuge und die Prognosen für die kommenden Jahre sahen weiterhin rosig aus. Billigfluggesellschaften ermöglichten es immer mehr Menschen, sich Flugreisen zu leisten, während der Flugverkehr ein immer engeres Netz um den Globus spannte. Städte und Länder waren in nie dagewesener Weise miteinander verbunden und die Luftfahrtindustrie erlebte eine Phase des Aufschwungs. Doch hinter dieser Erfolgsgeschichte verbargen sich auch Herausforderungen. Viele Fluggesellschaften operier-

Foto: Sebastian Thoma | photo.atcpilot.com

← Vor der Pandemie war die Luftfahrt auf einem absoluten Hoch. Zu sehen nicht nur wie hier, am Terminal 3 des Flughafens von Sydney für Inlandsflüge sondern auch auf internationalen Strecken.

→ Auch in den Vereinigten Staaten von Amerika zählen Inlandsflüge vor der Pandemie zu einem wichtigen Fortbewegungsmittel. Die Terminals waren gut besucht und viele Flughäfen modernisierten und bauten ihr Angebot aus. Hier zu sehen ist das United-Drehkreuz am Washington-Dulles-Airport.

Foto: Ryan Patterson

ten am Limit ihrer Kapazitäten, Flughäfen arbeiteten an der Grenze ihrer Belastbarkeit, Steuerungsmaßnahmen und Slots zeigten fast täglich die Kapazitätsengpässe der Flugsicherung auf und der steigende Druck auf die Umwelt, insbesondere durch den CO_2-Ausstoß, wurde zunehmend zu einem Thema. Trotzdem schien der Himmel die Grenze zu sein – bis zum Ausbruch der Pandemie. ◀

↓ Der weltweite größte Flughafen ist der Hartsfield-Jackson-Airport in Atlanta. Hier ist auch das größte Drehkreuz der amerikanischen Fluggesellschaft Delta.

→ Reges Treiben herrschte auch am New Yorker Flughafen JFK. Die Landebahnen und Rollwege sind stets gut ausgelastet.

Foto: Ryan Patterson

Foto: Sebastian Thoma | photo.atcpilot.com

4

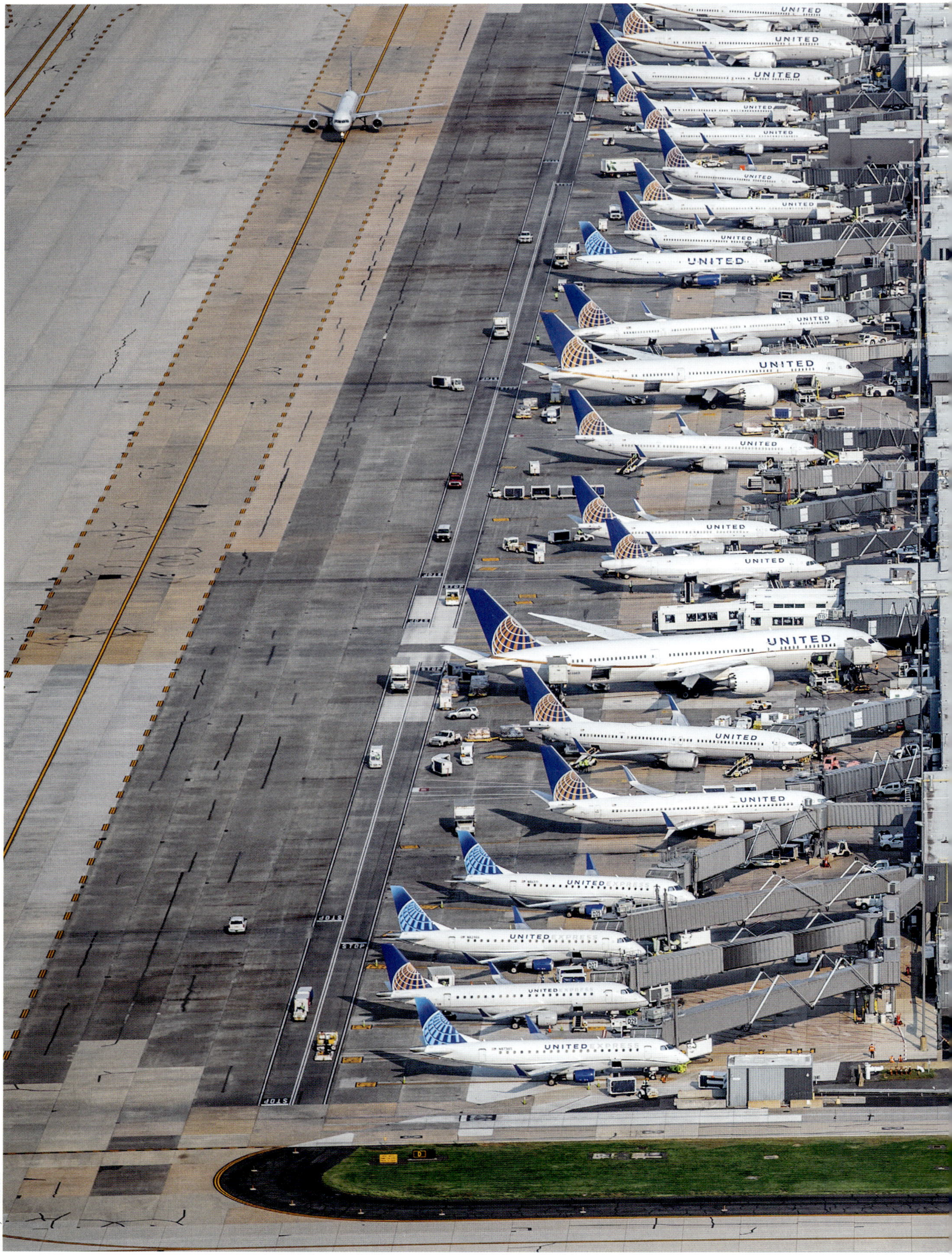

→ United Airlines beförderte 2018 rund 158 Millionen Passagiere. Gemessen an den Sitzplatzkilometern war sie im Folgejahr die größte Airline weltweit.

Foto: Ryan Patterson

UNITED

Der plötzliche Stillstand

Im März 2020 veränderte sich die Welt radikal. Nationale Lockdowns und Reisebeschränkungen traten in Kraft, um die Ausbreitung des Virus zu verlangsamen. Innerhalb weniger Wochen brach der Luftverkehr nahezu vollständig zusammen. Die Bilder von geparkten Flugzeugen, die dicht an dicht auf Start- und Landebahnen oder in der Wüste standen, gingen um die Welt. Große Flugzeugparks entstanden unter freiem Himmel, vor allem in Wüstenregionen, in denen niedrige Luftfeuchtigkeit und viel Platz ideale Bedingungen boten, um die Maschinen für unbestimmte Zeit zu lagern. Die sogenannten Flugzeugfriedhöfe mussten kurzfristig ausgebaut werden, um einen Großteil der Flugzeuge zu beherbergen,

↓ Lufthansa schickte einen Großteil der Kurz- und Mittelstreckenflotte zum neuen Flughafen Berlin-Brandenburg. Dort war Platz genug um die zahlreichen Flieger zu parken, nachdem es an den Drehkreuzen in München und Frankfurt eng wurde.

→ Nagelneue Boeing 787 Dreamliner wurden während der Pandemie nicht von den Käufern abgenommen. So wurden Sie von Boeing in der Wüste Kaliforniens auf einer der beiden Landebahnen in Victorville abgestellt.

Foto: Sebastian Thoma | photo.atopilot.com

Foto: Sebastian Thoma | photo.atcpilot.com

Stillstand an Flughäfen und gegroundete
Flugzeuge während der Corona-Pandemie

Foto: Sebastian Thoma | photo.atcpilot.com

Foto: Sebastian Thoma | photo.atcpilot.com

Foto: Sebastian Thoma | photo.atopilot.com

←← Easyjet nutzte ähnlich wie die Lufthansa das große Vorfeld des Flughafens Berlin-Brandenburg als Parkfläche.

← Am Flughafen Köln-Bonn wurde ebenfalls eine der drei Landebahnen geschlossen und kurzerhand zum Parkplatz.

↑ Hannover ist die Homebase der Tuifly. Aber auch Lufthansa stellte hier neben vielen weiteren deutschen Flughäfen einige Flugzeuge der A320-Familie ab.

Foto: Sebastian Thoma | photo.atcpilot.com

↑ Diese beiden Boeing 747 der Lufthansa wurden nach Enschede-Twente überführt. Lange war ungewiss, ob sie jemals wieder fliegen würden oder verschrottet werden.

die kurz zuvor noch am Himmel zu sehen waren.

Globale Fluggesellschaften wie die Lufthansa, die für ihre Flüge zu fast allen Kontinenten bekannt ist, stellte ihren Flugbetrieb fast vollständig ein. Ähnliches galt für viele andere große Airlines wie British Airways, American Airlines oder Emirates. Innerhalb kürzester Zeit wurden Millionen von Flugtickets storniert, Tausende von Flügen gestrichen und ganze Flugzeugflotten gegroundet. Dieser Stillstand hatte nicht nur immense wirtschaftliche Auswirkungen, sondern auch einen tiefen emotionalen Ein-

Foto: Sebastian Thoma | photoatcpilot.com

fluss auf die Branche. Flugzeuge, die normalerweise für den Betrieb in der Luft konzipiert sind, wurden plötzlich zu Standobjekten. Der Himmel, der jahrzehntelang von Flugzeugen durchzogen war, blieb leer. Der Staat musste vielerorts eingreifen, um große Airlines und Flughäfen zu retten und tausenden Menschen ihren Arbeitsplatz zu sichern.

Die einzige Branche in der Luftfahrt, die zu dieser Zeit boomte, war der Luftfrachtverkehr. Zum einen mussten binnen kürzester Zeit Masken um den Globus versendet werden und zum anderen fehlten wich-

↑ Am Flughafen Frankfurt wurde jede Ecke genutzt, um Flugzeuge abzustellen. Hier zu sehen ist das Vorfeld vor dem noch im Bau befindlichen neuen Terminal 3.

4

→ Normalerweise stehen hier am Frankfurter Terminal 2 überwiegend Langstreckenmaschinen aus aller Welt und die Maschinen der Lufthansa parken am Terminal 1. Während der Pandemie stand hier jedoch ein Großteil der deutschen Boeing 747-Flotte geparkt. Ebenfalls ein seltener Anblick: Die Triebwerke der Flugzeuge sind für die langen Standzeiten mit Abdeckungen versehen.

Foto: Sebastian Thoma | photo.atcpilot.com

Lufthansa
Lufthansa
Lufthansa
Lufthansa
MAX SPAN
36.0 m
MAX SPAN
36.0 m

→ Die Boeing 757 des Ferienfliegers Condor wurden zum Teil in Hamburg abgestellt und gelagert.

↓ Während hier im Westen des Flughafens Frankfurt zur Winterzeit normalerweise Flugzeuge enteist werden, parkten während der Pandemie einige A320 und A321 der Lufthansa neben der Startbahn West.

tige Kapazitäten für Luftfracht an Bord von Passagiermaschinen. Für gewöhnlich werden gerade auf der Langstrecke täglich viele Tausend Tonnen auf Passagierflugzeugen befördert. Allein in Frankfurt wurden 2024 rund 2,1 Millionen Tonnen Luftfracht abgefertigt. Viele von der Existenz bedrohte Passagierairlines wurden in dieser Zeit kreativ und nutzten wie die Ferienfluggesellschaft Condor ihre Passagiermaschinen und beförderten darin Fracht wie zum Beispiel FFP2-Masken von Asien nach Europa. Doch nicht alle Passagierairlines konnten sich so über Wasser halten. ◄

Foto: Sebastian Thoma | photo.atcpilot.com

Foto: Sebastian Thoma | photo.atcpilot.com

4

→ Auf dem Vorfeld des Flughafens Münster/Osnabrück standen einige CRJ900 der Lufthansa Cityline.

Foto: Sebastian Thoma | photo.atcpilot.com

Lufthansa
Lufthansa

4

→ Neben der Condor (links) hat vor allem die Eurowings ein großes Drehkreuz am Flughafen Düsseldorf. Dies sieht man deutlich an der Anzahl der hier gegroundeten Maschinen.

Foto: Sebastian Thoma | photo.atcpilot.com

LAUDA

4

→ Die Nordwestbahn in Frankfurt diente ebenfalls als Parkplatz. Regelmäßig wurden die Flieger hier auf der Landebahn bewegt, damit sich die Reifen nicht platt stehen.

Foto: Sebastian Thoma | photo.atcpilot.com

Lufthansa
LIANCE
STAR ALLIANCE

4

→ Zwischen Valencia und Barcelona liegt der spanische Flughafen Castellón. Auf dem kleinen Provinzflughafen wurden während der Pandemie Flugzeuge geparkt und auch durch einen Verwertungsbetrieb verschrottet.

Foto: Sebastian Thoma | photo.atcpilot.com

SAS
Scandinavian
Airlines
atlas
01
30
SAS

→ Eindrucksvoll verschachtelt wurden am Flughafen Roswell in New Mexico Langstreckenflugzeuge von United und American Airlines geparkt.

→→ Am Flughafen von Kansas City parkten dutzende Flugzeuge der Delta Air Lines auf einem geschlossenen Rollweg.

Foto: Ryan Patterson

Foto: Ryan Patterson

DELTA

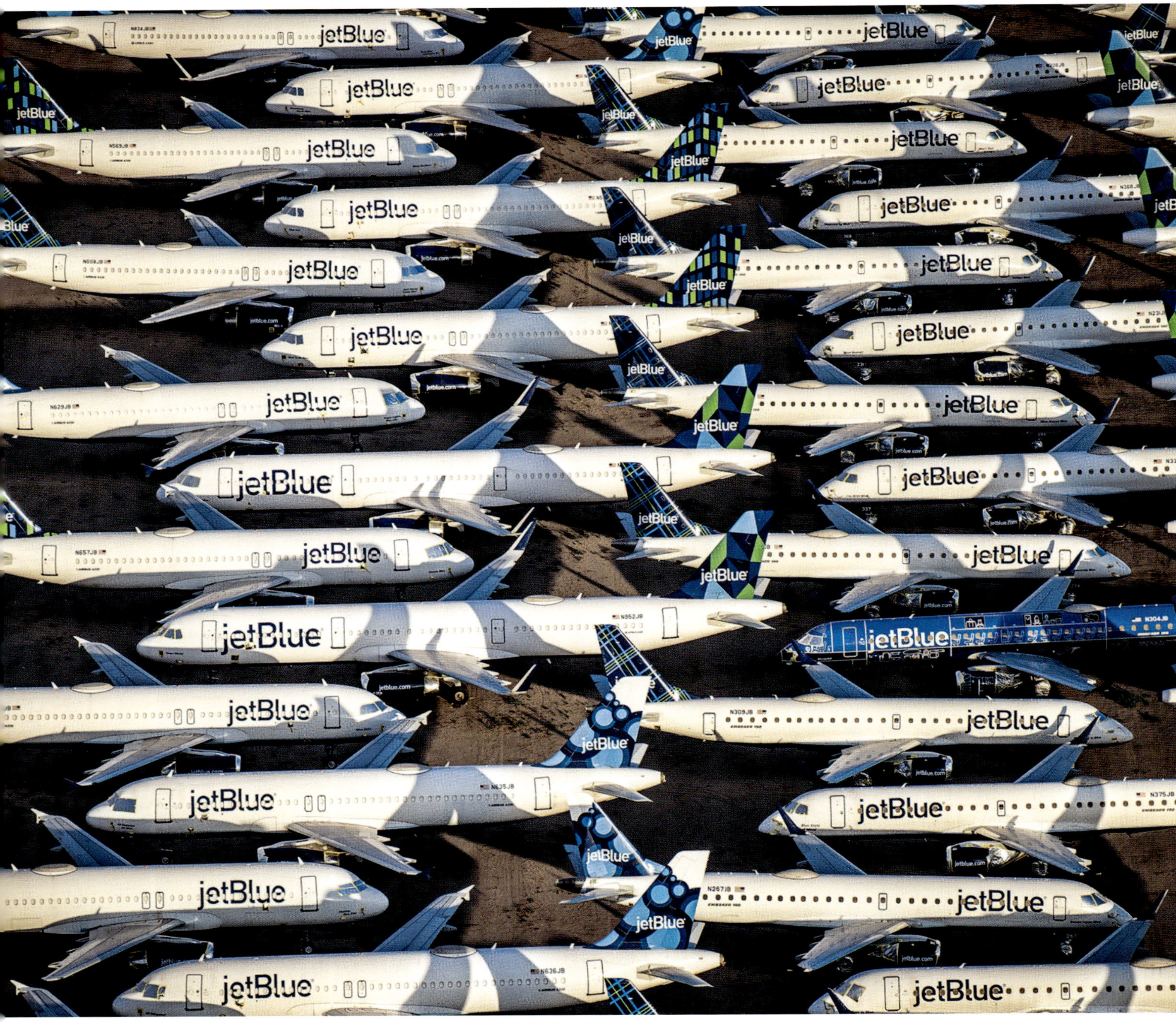

Foto: Ryan Patterson

←← Der Kansas City Airport schloss nicht nur Rollwege sondern auch eine seiner zwei Landebahnen um die vielen Jets während der Pandemie zwischen zu parken. Auf der rechten Seite ist noch das alte Terminal zu sehen, was mittlerweile durch einen modernen Neubau ersetzt wurde.

↑ Die Billig-Fluglinie Jetblue lagerte einen Großteil der Flotte in der Wüste Arizonas. Hier am Pinal Airpark bei Marana, westlich der Großstadt Tucson. Das Foto entstand im Juni 2020.

→ Southwest ist die bekannteste Billigfluglinie der Vereinigten Starten von Amerika und war Vorreiter von günstigen Flügen (siehe S. 15). Mit über 800 Flugzeugen ist sie gemessen an den beförderten Passagieren mittlerweile die größte Airline weltweit.

Southwest
Southwest
Southwest
Southwest
Southwest
Southwest
Southwest
Southwest
Southwest
Southwest
Southwest
Southwest
SOUTHWEST
Southwest
SOUTHWEST

4

Foto: Ryan Patterson

→ Der Southern California Logistics Airport dient normalerweise dem Flugzeughersteller Boeing und der Frachtfluggesellschaft FedEx als Lagerstätte und Schrottplatz. Hunderte Jets stehen hier in den endlosen Weiten der kalifornischen Wüste. Während der Pandemie wurde aber selbst hier der Platz eng und die zahlreichen Boeing- und Airbus-Jets der Delta Air Lines wurden auf einer der beiden Landebahnen zwischengeparkt.

LATAM
DELTA

↑ Auch in Kanada wurden Parkplätze eng. Hier zu sehen sind Flugzeuge der Air Canada und ihrer Tochter „Rouge" sowie Flugzeuge der Chartergesellschaft Air Transat am anderen Ende der geschlossenen Landebahn am Flughafen Montreal-Mirabel.

→→ Die Fluggesellschaft Porter nutzt den Stadtflughafen Torontos als Heimatbasis. Der Platz dort ist besonders eng. Hier zu sehen sind einige Bombardier Dash-8-Flugzeuge, die auf das Ende der Krise warten.

↑ An Ferienflüge war während der Pandemie nicht zu denken. So mussten auch die Flugzeuge der kanadischen Charterairline Sunwing viele Monate am Boden bleiben.

↑→ Der Billy-Bishop Airport liegt direkt vor der Skyline Torontos. Ein eindrucksvolles Bild sind die startenden und landenden Flugzeuge direkt vor den Wolkenkratzern. Zum Terminal gelangt man mit der Fähre.

→ Eine Nahaufnahme zeigt, wie wenig Platz es an dem kleinen City Airport auf der Insel im Lake Ontario gibt.

Foto: Jan Jasinski

Foto: Jan Jasinski

→ Die Westjet-Tochter Sunwing Airlines mit Sitz in Toronto betreibt rund 25 737-800 und 737 MAX8 und bietet Urlaubsflüge in den warmen Süden an.

→→ Westjet ist eine kanadische Billigfluggesellschaft, die vor allem Flugzeuge vom Typ Boeing 737 betreibt. Ein Teil der Flotte wurde am Toronto Pearson Intl. Airport gelagert.

Foto: Jan Jasinski

sunwing
flysunwing.com
sunwing
sunwing
sunwing
sunwing

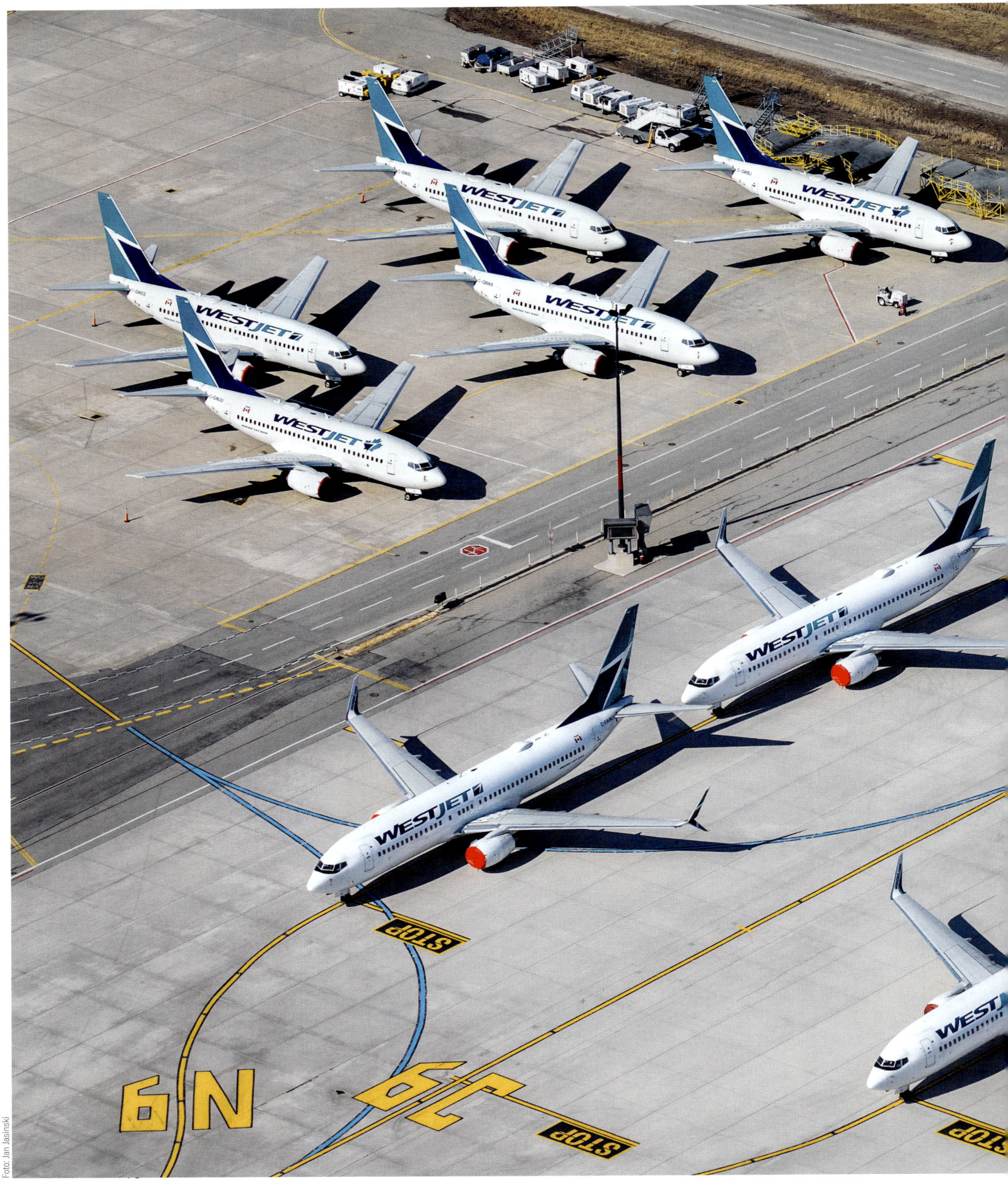

Foto: Jan Jasinski

WESTJET
WESTJET
WESTJET
STOP
STOP
STOP
59

→ Westjet nutzt nicht nur die 737 auf Flügen ins benachbarte Amerika und in die Karibik sondern ist mittlerweile auch auf der Langstrecke mit der Boeing 787 erfolgreich. Daran war natürlich während der Pandemie nicht zu denken. Die kleineren Bombardier Dash-8-Q400 werden auf kürzeren Strecken und an kleineren Regionalflughäfen eingesetzt und bringen Passagiere zu einem der Drehkreuze wie dem hier gezeigten Flughafen von Toronto.

Foto: Jan Jasinski

WESTJET
WESTJET
WESTJET
WESTJET
WESTJET
The Spirit of Canada
HSBC
HSBC
HSBC

→ Vor der Pandemie nutzte die Charterfluggesellschaft Air Transat neben den moderneren Airbus A330 Jets im Hintergrund auch den Airbus A310. Dieser wurde mittlerweile ausgemustert.

Foto: Jan Jasinski

Air transat
Bienvenue
Bem-vindo
Willkommen
Welcome
C-GSAT

→ Die Air Canada Rouge sollte zu einem günstigen Ableger des nationalen „Flag Carriers" werden, der sich vor allem um die Urlaubsdestinationen bemühte. Während der Pandemie wurde der Flugbetrieb jedoch zwei Mal komplett eingestellt. Die Langstreckenflugzeuge vom Typ Boeing 767 (rechts zu sehen) wurden mittlerweile komplett ausgeflottet. Nun konzentriert man sich auf kürzere Strecken mit einer reinen Airbus A319/320/321-Flotte.

Foto: Jan Jasinski

rouge
STAR ALLIANCE
AIR CANADA

Foto: Jan Jasinski

↑ Besonders beliebt bei Planespottern sind die Sonderlackierungen der Sunwing Airlines. Während in Europa die Nachfrage nach Urlaubsflügen im Winter stark zurück geht, entfliehen viele Kanadier der Kälte und fliegen zu sonnigen Destinationen in Florida oder in der Karibik. Deshalb kam es in der Vergangenheit auch oft zu geleasten Flugzeugen von der deutschen Tuifly, die so auch im Winter Einnahmen mit ihren Boeing 737 generierte. Zu sehen war also in vielen Wintern die Lackierung der Tuifly mit einer kanadischen Registrierung am Heck. Die deutsche Fluglinie aus Hannover war mit 49 % an der kanadischen Airline beteiligt. Auch Air Transat (im Hintergrund) bediente sich in der Vergangenheit schon mal an deutschen Flugzeugen des Ferienfliegers Condor.

→ Die kleinen Embraer E175-Flugzeuge der Air Canada Express wurden unter anderem am Flughafen Muskoka im nördlichen Ontario geparkt.

Foto: Jan Jasinski

Foto: Sebastian Thoma | photo.atcpilot.com

Flugzeugfriedhöfe – die Parkplätze der Pandemie

Mit dem Grounding der Flugzeuge entstand die logistische Herausforderung, diese großen Maschinen für längere Zeit sicher zu parken. Flughäfen weltweit wurden zu provisorischen Lagerplätzen. Die großen internationalen Drehkreuze wie Frankfurt, London Heathrow und New York JFK sahen sich gezwungen, ihre Kapazitäten zur Lagerung von Flugzeugen schnell zu erweitern. Landebahnen wurden zu Parkplätzen. Doch der größte Teil der Flugzeuge wurde in spezielle Flugzeugfriedhöfe verlagert, die sich überwiegend in Wüstenregionen befinden, wie Victorville in Kalifornien oder der spanische Flughafen Teruel, der vor der Pandemie noch relativ unbekannt war.

Die trockene Wüstenluft bewahrt die Maschinen vor Korrosion, während

die riesigen Freiflächen Platz für Hunderte, ja Tausende von Flugzeugen bieten. Inmitten dieser endlosen Reihen parkender Maschinen schien die Zeit stillzustehen. Viele dieser Flugzeuge waren nie dafür gedacht, jemals wieder abzuheben. Einige von ihnen wurden als Ersatzteillager genutzt und teilweise verschrottet, während andere auf eine ungewisse Zukunft warteten.

Besonders gespenstisch ist das Gefühl, zwischen den eingemotteten Riesen zu stehen. Flugzeuge kennt man normalerweise nur im Umfeld eines Flughafens, verbunden mit regem Treiben und lautem Krach auf dem Vorfeld. In der Wüste jedoch ist es still. Kein Triebwerk läuft, keine Abfertigungsfahrzeuge fahren umher und keine Menschenseele ist zwischen hunderten abgestellten Giganten zu sehen. ◂

↑ Aufwendig wurden alle Flugzeuge eingepackt und konserviert. Überall sind Versiegelungen von Türen, Fenstern und Triebwerken zu sehen.

→→ Lange war ungewiss, ob das Flaggschiff der Lufthansa, der Airbus A380, jemals wieder fliegen würde. Auch die A340-600 waren auch ohne Pandemie schon zu teuer geworden. Die Vierstrahler sollten eigentlich nie wieder abheben.

Foto: Sebastian Thoma | photo.atcpilot.com

Lufthansa
Lufthansa
Lufthansa
Lufthansa
Lufthansa
Lufthansa
Lufthansa

Foto: Sebastian Thoma | photo.atcpilot.com

←Zwischen den zahllosen „Widebodies“, also Langstreckenflugzeugen mit breiter Kabine und zwei Mittelgängen, finden sich auch nagelneue Jets wie zwei A350, die an South African Airways ausgeliefert werden sollten. Zu einer Übernahme kam es nicht mehr. Wie viele andere finanziell angeschlagene Airlines musste die Fluglinie mit der Pandemie den Betrieb komplett einstellen. Eine Wiederaufnahme der Flüge erfolgte erst deutlich später mit einer stark reduzierten Flotte.

→ Die Bedingungen für die Einlagerung sind ideal. Neben der beschaulichen Altstadt von Teruel liegt der Flughafen in einer Wüstenähnlichen Umgebung auf einer Hochebene. Wenig Regenfälle und trockene Luft ermöglichen eine lange Lagerung ohne Gefahr von Korrosion und Schimmel an den Millionen Euro teuren Fluggeräten.

Foto: Sebastian Thoma | photo.atcpilot.com

TRANSAERO
SOUTH AFRICAN
TRANSAERO
Lufthansa
Lufthansa
BRITISH AIRWAYS
Lufthansa
Lufthansa
BRITISH AIRWAYS
Lufthansa
BRITISH AIRWAYS
BRITISH AIRWAYS
SOUTH AFRICAN

Herausforderungen bei der Lagerung und Instandhaltung

Ein Flugzeug, das lange stillsteht, erfordert intensive Pflege. Auch wenn diese Maschinen nicht fliegen, müssen sie regelmäßig gewartet und überprüft werden, um sicherzustellen, dass sie nach einem längeren Grounding wieder einsatzbereit sind. Techniker führen regelmäßig Checks an den Triebwerken, den elektrischen Systemen und den Kabinen durch. Die Flugzeuge bzw. empfindliche Teile davon (Öffnungen, Fenster usw.) werden mit speziellen Schutzfolien abgedeckt, um sie vor Staub und Sonnenstrahlen zu schützen, während die Hydrauliksysteme alle paar Wochen betätigt werden, um Standschäden zu vermeiden. Regelmäßig wurden die Flugzeuge auch mit dem Schlepper bewegt, um die Reifen und Bremsen in Bewegung zu halten.

Die Airlines investierten enorme Summen in die Pflege und Wartung ihrer Flotten, obwohl die Einnahmen dramatisch zurückgingen. Viele Fluggesellschaften standen vor der schwierigen Entscheidung, welche Flugzeuge sie nach dem – seinerzeit nicht absehbaren – Ende der Pandemie wieder in Betrieb nehmen würden und welche dauerhaft ausgemustert werden mussten. Große Langstreckenflugzeuge wie der Airbus A380 und die Boeing 747, die bereits vor der Pandemie aus Effizienzgründen infrage gestellt wurden, plante man teilweise endgültig außer Dienst zu stellen. ◄

Foto: Sebastian Thoma | photo.atcpilot.com

Foto: Sebastian Thoma | photo.atcpilot.com

← Das aufwendige Einmotten hat sich gelohnt. Dieser A380 kehrte nach der Pandemie entgegen aller Erwartungen zurück in den aktiven Liniendienst bei der Lufthansa.

↑ Neben Türen, Fenstern und Triebwerken erhielten die Flugzeuge auch einen Schutz für die Fahrwerke. So wurde zum einen die Sonneneinstrahlung auf das Gummi vermieden und die sensible Steuerung mit ihren Hydraulikleitungen vor Tieren geschützt, die über die Fahrwerke in das Flugzeug gelangen könnten.

→ Einige Tage lang waren die Mitarbeiter des Verwerters Tarmac Aerosave, an der auch Airbus beteiligt ist, damit beschäftigt die vielen Fenster, Türen und Fahrwerke eines Flugzeuges zu verpacken. Auch die Sensorik für Temperatur, Luftdruck und Geschwindigkeit sowie die Flugzeugnase, hinter der das sensible Wetterradar sitzt, wurden verpackt. Ein effektiver Schutz gegen Sand und Staub.

Foto: Sebastian Thoma | photo.atcpilot.com

AIRFRANC
GP 7200

Foto: Sebastian Thoma | photo.atcpilot.com

← Zwei Mitarbeiter kleben die letzten Fenster eines Air France A380 ab. Neben dem Hubsteiger wird deutlich, wie groß der Superjumbo ist. Eine aufwendige Arbeit, ein solches Hightech-Gerät zu konservieren.

Foto: Sebastian Thoma | photo.atcpilot.com

Foto: Sebastian Thoma | photo.atcpilot.com

← Eine Boeing 747 der Lufthansa wurde am Flughafen Tarbes, nördlich der Pyrenäen konserviert.

←↓ Diese Martinair MD-11 flog bis zu ihrer Ausflottung als Frachtmaschine, deswegen wurden Fenster nicht so ausgiebig konserviert, da bereits kein Innenraum mehr existierte. Die Elektronik im Cockpit galt es jedoch zu schützen. Sie kann in vielen baugleichen Flugzeugen als Ersatzteil aushelfen.

→ Besonders teuer und schützenswert sind die Triebwerke. Sie können die Lebensdauer einer Flugzeugzelle noch lange überleben und nach Wartungsmaßnahmen in anderen Flugzeugen weiter genutzt werden.

↓ Nicht nur Langstreckenflugzeuge blieben während der Pandemie am Boden. Auch zahlreiche Kurzstreckenflugzeuge wurden nach Spanien in die Sonne gestellt und konserviert.

Foto: Sebastian Thoma | photo.atcpilot.com

Foto: Sebastian Thoma | photo.atcpilot.com

Langfristige Folgen der Pandemie für die Luftfahrt

Mit der schrittweisen Wiederaufnahme des Flugverkehrs nach den Lockdowns erholte sich die Luftfahrtbranche langsam. Doch viele der Veränderungen, die während der Pandemie eingeleitet wurden, werden die Branche langfristig prägen. Einige Fluggesellschaften reduzierten ihre Flotten und setzten verstärkt auf kleinere, effizientere Flugzeuge. Nachhaltigkeit rückte stärker in den Fokus und das Bewusstsein für den Umwelteinfluss des Fliegens nahm zu. Zudem hat die Pandemie gezeigt, wie verletzlich die globale Vernetzung ist. Airlines, die von internationalen Verbindungen abhängig waren, mussten ihre Strategien überdenken und flexiblere Geschäftsmodelle entwickeln. Gleichzeitig eröffnete die Krise aber auch Chancen: Die Entwicklung alternativer Antriebe und effizienterer Technologien erhielt einen deutlichen Schub, während sich die Luftfahrtindustrie auf die Zukunft vorbereitet, in der Flugzeuge nicht nur zuverlässiger, sondern auch umweltfreundlicher fliegen werden.

Foto: Sebastian Thoma | photo.atcpilot.com

Das Reiseverhalten vieler Passagiere hat sich ebenfalls nachhaltig verändert. Während die touristischen Flüge nach Ende der Pandemie wieder boomten und das Fluggastaufkommen vielerorts schon über dem Niveau von 2019 liegt, ist die Anzahl der Geschäftsreisenden stark zurück gegangen. Auf der einen Seite wurde die Möglichkeit von Online-Meetings entdeckt und auf der anderen Seite haben einige während der Pandemie „notgedrungen" die Vorzüge eines Privatjets kennengelernt und fehlen nun in den Premiumklassen an Bord der Airlines. ◂

← Lufthansa feierte im April 2023 die Rückkehr des Airbus A380 mit der Landung einer frisch gewarteten Maschine am Flughafen München, wo sie den Langstreckenbetrieb nach der Corona-Pause wieder aufnahm.

Foto: Jan Jasinski

Ein Flugzeughersteller in der Krise

5

Boeing, einer der größten Flugzeughersteller der Welt, hat die Luftfahrtindustrie seit jeher mit technologischen Innovationen geprägt. Doch in den letzten Jahren wurde das Unternehmen von mehreren Krisen erschüttert, die zu weltweiten Groundings führten. Sowohl der Boeing 787 Dreamliner als auch die Boeing 737 MAX mussten nach schwerwiegenden Vorfällen für längere Zeit am Boden bleiben. Dieses Kapitel beleuchtet die Hintergründe der Groundings, die aufgrund von technischen Problemen angeordnet wurden und ihre Auswirkungen auf die Luftfahrt.

Der Boeing 787 Dreamliner – Eine Batteriekrise am Himmel

Foto: Christian Winter

Foto: Sebastian Thoma | photo.atcpilot.com

←← Mit über drei Jahren Verspätung erhielt die japanische All Nippon Airways als Erstkunde die Boeing 787. Kurz darauf musste sie aufgrund technischer Probleme wieder am Boden bleiben.

Der Boeing 787 Dreamliner, eines der modernsten und technologisch fortschrittlichsten Flugzeuge seiner Zeit, wurde mit großen Erwartungen eingeführt. Als erstes Verkehrsflugzeug der Welt bestand ein Großteil seiner Struktur aus kohlefaserverstärktem Kunststoff. Damit war der Dreamliner ein Meilenstein in der Luftfahrtgeschichte. Doch kurz nach seiner Indienststellung im Jahr 2011 traten schwerwiegende technische Probleme auf.

Im Januar 2013 wurde der Dreamliner weltweit gegroundet, nachdem in mehreren Vorfällen Lithium-Ionen-Batterien überhitzt hatten und in Brand geraten waren. Die Batterieprobleme traten zunächst bei einem Dreamliner von Japan Airlines auf, der in Boston stand. Kurze Zeit später meldete All Nippon Airways (ANA)

↑ Mittlerweile ist die 787 sehr erfolgreich und wird unter anderem am Boeing-Hauptsitz nördlich von Seattle gefertigt.

Foto: Sebastian Thoma | photo.atcpilot.com

↑ Japan Airlines war ebenfalls von den Batteriebränden betroffen. Hier zu sehen ist der Dreamliner beim Abflug aus Los Angeles.

→→ Nach drei Monaten konnten die modernen Langstreckenjets das erste Mal wieder abheben.

Rauchentwicklung in einer Batterie bei einem Flug in Japan.

Nach den Vorfällen reagierten die Aufsichtsbehörden schnell: Die US Federal Aviation Administration (FAA) ordnete ein weltweites Grounding aller Dreamliner an – das erste Mal seit 1979, dass ein kompletter Flugzeugtyp in den USA Flugverbot erhielt. Auch andere Luftfahrtbehörden, darunter die Europäische Agentur für Flugsicherheit (EASA) und die japanische JCAB (Japan Civil Aviation Bureau), schlossen sich an.

Boeing arbeitete intensiv an einer Lösung, die schließlich in einer umfassenden Umgestaltung des Batteriedesigns mündete. Eine neue Sicherheitsumhüllung für die Batterien sowie ein optimiertes Kühlsystem sollten eine Überhitzung verhindern. Im April 2013 wurde das Grounding aufgehoben, nachdem die Änderungen von den Aufsichtsbehörden genehmigt wurden. Der Vorfall war jedoch ein schwerer Schlag für Boeings Ruf und führte zu erheblichen Auslieferungsverzögerungen und Kosten. ◂

ANA
Inspiration of JAPAN
CELLENCE
UCHDOWN TO TAKEOFF
NO STEP

Die Boeing 737 MAX – Zwei Katastrophen und ein globales Grounding

Noch verheerender als die Probleme des Dreamliners war die Krise um die Boeing 737 MAX. Die MAX-Serie war als modernisierte Version der erfolgreichen Boeing 737-Familie gedacht und sollte den Konkurrenten Airbus A320neo übertrumpfen. Doch innerhalb weniger Monate ereigneten sich zwei tödliche Abstürze, die weltweit zum Grounding des Flugzeugtyps führten und Boeing in eine existenzielle Krise stürzten, die bis heute nachwirkt.

Am 29. Oktober 2018 stürzte eine Boeing 737 MAX 8 von Lion Air nur 13 Minuten nach dem Start in Jakarta, Indonesien, ins Meer. Alle 189 Insassen kamen dabei ums Leben. Nur wenige Monate später, am 10. März 2019, zerschellte eine weitere Boeing 737 MAX 8 von Ethiopian Airlines kurz nach dem Start in Addis Abeba, Äthiopien. Bei diesem Unfall starben 157 Menschen.

Die nachfolgenden Untersuchungen der Unglücke zeigten, dass beide Abstürze durch das Maneuvering Characteristics Augmentation System (MCAS) ausgelöst wurden, ein System, das Boeing entwickelt hatte, um die Flugeigenschaften der MAX an die

Foto: Sebastian Thoma | photo.atcpilot.com

← Die 737 MAX ging durch viele Krisen. Hier stehen einige werksneue Maschinen, die auf eine Auslieferung nach China warten.

↑ Am Southern California Logistics Airport in Victorville wurden auch während der Corona-Pandemie zahlreise Maschinen geparkt.

früherer 737-Modelle anzugleichen. Denn da die MAX größere Triebwerke verwendete, die zudem weiter vor der Tragfläche montiert waren, wies die 737 nun in manchen Situationen andere Flugeigenschaften auf als die Vorgängermuster: Die Maschine hatte eine Tendenz, dass sich durch die veränderte Schubgeometrie die Nase hob. Dies hätte eigentlich zusätzliches Simulatortraining für die Cockpitcrews bedeutet. Um dies zu umgehen, sollte das MCAS eingreifen und in bestimmten Situationen die Flugzeugnase au-

Foto: Jan Jasinski

↑ Während des weltweiten Groundings waren vor allem Airlines betroffen, die eine reine Boeing 737-Flotte hatten. Die amerikanische Billigairline Southwest hatte schon einige ihrer älteren Modelle mit dem neuen Flugzeug ersetzt. Die meisten Flugzeuge waren während des Groundings 2019/2020 allerdings in China im Betrieb.

tomatisch nach unten drücken, um einen Strömungsabriss zu verhindern.

Das Problem: Das System verließ sich auf die Daten eines einzigen Anstellwinkelsensors. Wenn dieser Sensor fehlerhafte Daten lieferte, aktivierte das MCAS unkontrolliert und drückte die Nase des Flugzeugs wiederholt nach unten. Die Piloten hatten in beiden Fällen das System nicht effektiv deaktivieren können, was zu einem Kontrollverlust und letztendlich zum Absturz führte. Neben dem Designfehler des Flugzeugherstellers waren auch mangelhafte Schulungen der Besatzungen ein großer Kritik-

punkt. Piloten mussten lediglich einen Onlinekurs absolvieren, in dem das MCAS nicht detailliert erklärt wurde.

Nach dem zweiten Absturz ordneten Luftfahrtbehörden weltweit ein Grounding der 737 MAX an – darunter die FAA, die EASA und die chinesische CAAC. Insgesamt standen mehr als 400 Flugzeuge still und Boeing musste die Auslieferung neuer Maschinen einstellen. Da es auf den Werksgeländen in der Nähe von Seattle an Platz mangelte, wurden die Flugzeuge teilweise auf den Mitarbeiterparkplätzen abgestellt oder frisch aus der Produktion in die Wüste geflogen.

Die Krise führte zu intensiven Untersuchungen, sowohl technischer als auch regulatorischer Art. Kritiker warfen Boeing vor, das MCAS-System unzureichend getestet und die Piloten nicht ausreichend geschult zu haben. Auch die FAA geriet in die Kritik, da sie das System ohne größere Auflagen zugelassen hatte.

Erst nach einer 20-monatigen Überarbeitung wurde die 737 MAX im November 2020 von der FAA wieder zugelassen. Die EASA und andere Behörden folgten kurz darauf. Boeing implementierte eine Reihe von Änderungen, darunter:

- Softwareupdates für das MCAS-System, das nun von zwei Sensoren gespeist wird und nicht mehr wiederholt eingreifen kann.
- Umfassendere Schulungsanforderungen für Piloten, einschließlich Simulatortraining.
- Verbesserungen in der Kommunikation zwischen Boeing und den Aufsichtsbehörden.

Obwohl die MAX seit ihrer Wiederzulassung wieder zuverlässig fliegt, leidet Boeing bis heute unter den Folgen der Krise. Der wirtschaftliche Schaden wird auf mehr als 20 Milliarden US-Dollar geschätzt und das Vertrauen in das Unternehmen hat erheblich gelitten. ◂

→ Die längere Version der 737 MAX soll ein Pendant zum Airbus A321neo werden. Ursprünglich sollte sie 2020 ausgeliefert werden, dann 2023 und später 2025. Mittlerweile spricht der Hersteller von 2028. Die Zertifizierung bei der FAA sei noch nicht abgeschlossen. Auch die Bestellungen für die längere Version des Klassikers (ca. 1200 Stück) liegen weit hinter denen für den europäischen Konkurrenten (ca. 7000 Stück).

Foto: Jan Jasinski

737
N27752
LEAP

Southwest
Southwest
Southwest
Southwest
Southwest
Southwest
Southwest
GOL

← Da sich das Grounding nach den Pannen des MCAS-Systems sehr lange hinaus zog, konnten viele der gefertigten Jets nicht zugelassen werden und wurden erst mal geparkt. Hier zu sehen ist der Moses Lake Airport im Bundesstaat Washington, östlich des Fertigungsstandorts bei Seattle während des Groundings 2019/2020.

↑ Airlines auf der ganzen Welt warteten auf die neuen Jets und konnten während des Booms 2019 nicht mehr wachsen, da es an Flugzeugen fehlte.

→→ Regelmäßig mussten Techniker zu den hunderten geparkten Maschinen und die Flugzeuge lüften. Auch die Hilfstriebwerke (APU) wurden regelmäßig gestartet, um die Systeme zu prüfen und in Bewegung zu halten.

Foto: Jan Jasinski

XIAMENAIR
B-200U
B-20A0
SDA
山東航空公司
SHANDONG AIRLINES
深圳航空

Grounding der Boeing 737 MAX 9 nach Türverlust bei Alaska Airlines

← Manche Airlines haben hier eine Notausgangsreihe samt entsprechender Tür. Bei Alaska wurde aufgrund der Sitzkonfiguration jedoch statt der Tür eine Art „Blindkappe" eingesetzt, die dann im Flug heraus fiel.

↓ Mitarbeiter der Unfalluntersuchungsbehörde NTSB finden die Tür in einem Vorgarten

Am 5. Januar 2024 kam es auf Alaska-Airlines-Flug 1282 zu einem schwerwiegenden Zwischenfall: In etwa 4.900 Metern Höhe löste sich ein Türstopfen (door plug) aus der Rumpfwand einer Boeing 737 MAX 9, was zu einem plötzlichen Druckabfall in der Kabine führte. Glücklicherweise wurde niemand ernsthaft verletzt, doch der Vorfall löste weltweit Besorgnis über die Sicherheit des Flugzeugtyps aus. Untersuchungen ergaben, dass vier Befestigungsbolzen des Türstopfens fehlten, was auf Montagefehler im Boeing-Werk in Renton, Washington, hindeutet. Daraufhin ordnete die US-Luftfahrtbehörde FAA die sofortige Überprüfung und vorübergehende Stilllegung von 171 betroffenen Maschinen an. Auch die europäische EASA folgte mit ähnlichen Maßnahmen. Die Entdeckung loser Bolzen bei anderen Flugzeugen verstärkte die Kritik an Boeings Qualitätskontrolle. In der Folge leitete das US-Justizministerium eine strafrechtliche Untersuchung ein, und der damalige CEO Dave Calhoun kündigte seinen Rücktritt für Ende 2024 an. Dieser Vorfall unterstreicht die anhaltenden Herausforderungen für Boeing in Bezug auf Sicherheitsstandards und Produktionsprozesse. ◄

← Der Grund des Vorfalls war schnell gefunden. Es fehlten vier Sicherheitsbolzen, die im Rahmen einer Reparaturmaßnahme im Boeing-Werk Renton bei der Montage nicht wieder eingesetzt wurden. 171 Maschinen des Typs wurden daraufhin von der FAA vorübergehend stillgelegt.

Handelskonflikte und ihre Auswirkungen auf Boeings Exportgeschäft

Zusätzlich zu technischen Problemen sieht sich Boeing zunehmenden geopolitischen Spannungen ausgesetzt. Im April 2025 eskalierte der Handelsstreit zwischen den USA und China, als die US-Regierung unter Präsident Trump die Zölle auf chinesische Importe auf 145 % erhöhte. China reagierte mit einem 125 %igen Strafzoll auf US-Produkte, einschließlich Verkehrsflugzeuge. Infolgedessen wies China seine Fluggesellschaften an, keine neuen Boeing-Flugzeuge mehr zu bestellen und bereits bestellte Maschinen nicht anzunehmen. Dies trifft Boeing hart, da China einen bedeutenden Anteil am globalen Luftfahrtmarkt ausmacht. Gleichzeitig äußerte Ryanair-CEO Michael O'Leary Bedenken hinsichtlich möglicher Preissteigerungen durch Zölle und drohte, Bestellungen bei Boeing zu stornieren und stattdessen Flugzeuge des chinesischen Herstellers COMAC in Betracht zu ziehen. Diese Entwicklungen verdeutlichen, wie politische Entscheidungen und Handelskonflikte die Luftfahrtindustrie beeinflussen und Boeings Position auf dem Weltmarkt gefährden können. ◂

↓ US-Präsident Donald Trump präsentiert im Weißen Haus ein Dekret zu „Reziproken Zöllen" – Sinnbild seiner protektionistischen Handelspolitik. Während Boeing zunächst von der politischen Rhetorik gegen europäische Wettbewerber wie Airbus zu profitieren schien, schaden die Strafzölle dem US-Flugzeugbauer langfristig erheblich. Die Zölle führen zu geopolitischen Spannungen, die Boeing als global agierendem Unternehmen stark zusetzen.

Foto: Daniel Torok - Weißes Haus

Auswirkungen und Lehren aus den Boeing-Krisen

Die Groundings des Dreamliners und der 737 MAX markieren gravierende Krisen in der Geschichte eines Flugzeugherstellers. Beide Ereignisse haben gezeigt, wie wichtig sorgfältige Entwicklung, umfassende Tests und klare Kommunikation zwischen Herstellern, Aufsichtsbehörden und Fluggesellschaften sind. Während die Probleme des Dreamliners hauptsächlich technischer Natur waren, legte die 737-MAX-Krise systemische Schwächen in der Sicherheitskultur und im Zulassungsprozess offen.

Für Boeing bedeuteten diese Ereignisse nicht nur einen massiven wirtschaftlichen Verlust, sondern auch einen Ansporn, Sicherheitsstandards zu überarbeiten und Vertrauen zurückzugewinnen. Die Luftfahrtindustrie insgesamt hat aus diesen Krisen wichtige Lehren gezogen, die die Entwicklung zukünftiger Flugzeuge prägen werden. ◂

↓→ Chinesische Airlines waren vom Grounding besonders betroffen. Nach den Abstürzen waren in China bereits 72 Maschinen im Dienst, die dann lange am Boden blieben. Viele weitere Auslieferungen verzögerten sich um Jahre.

Foto: Sebastian Thoma | photo.atcpilot.com

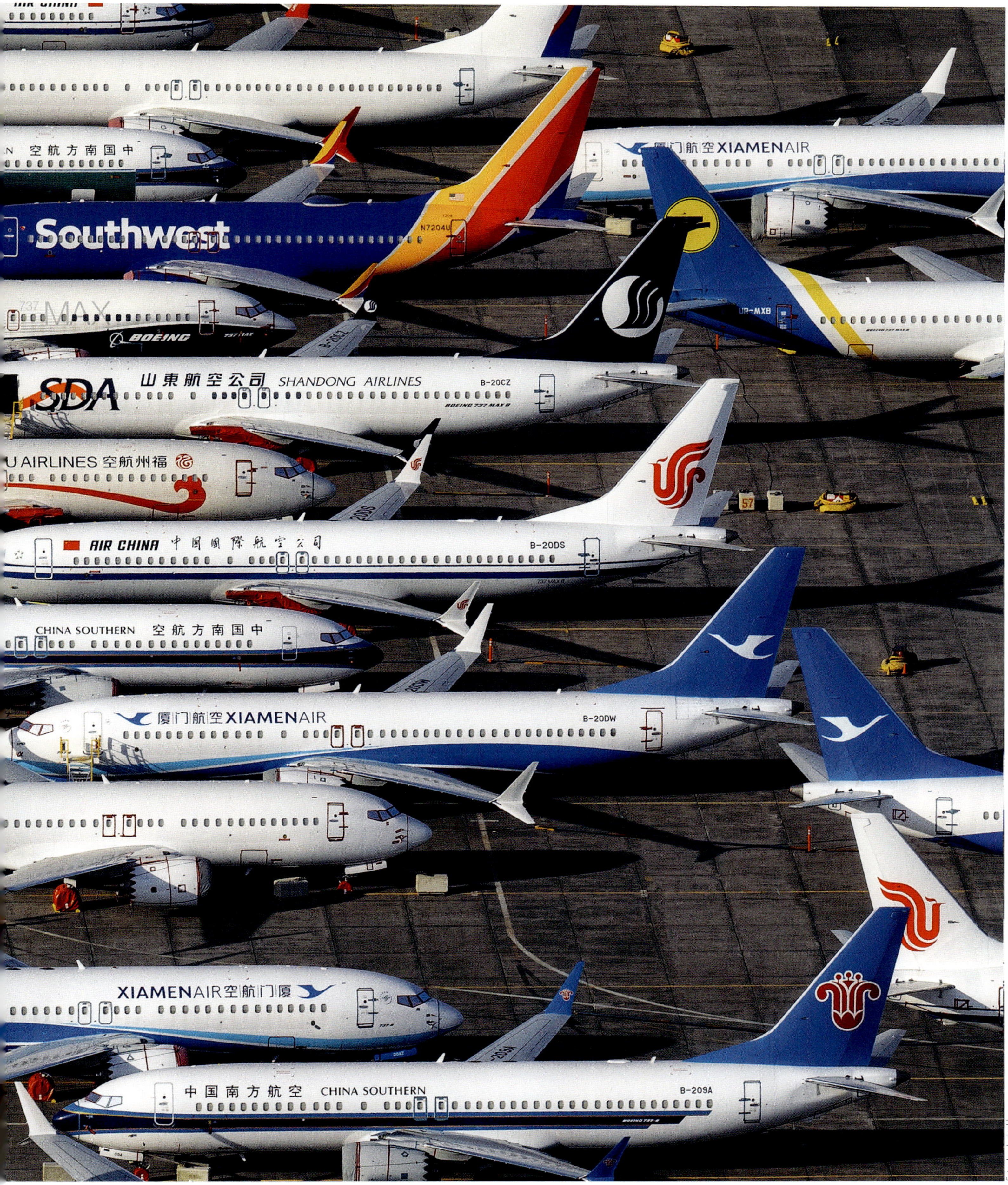

Foto: Jan Jasinski

Foto: Sebastian Thoma | photo.atcpilot.com

6

Was passiert mit Flugzeugen am Ende ihrer Lebensdauer?

Jedes Verkehrsflugzeug hat eine begrenzte wirtschaftliche Lebensdauer. Im Durchschnitt liegt diese bei etwa 25 bis 30 Jahren, bevor die Maschinen entweder veraltet sind oder den technischen Anforderungen der Luftfahrtindustrie nicht mehr gerecht werden. Die technische Lebensdauer kann um ein Vielfaches höher liegen. In der militärischen Luftfahrt, wo es nicht primär um Wirtschaftlichkeit geht, sind heute Flugzeuge im Einsatz, die stellenweise 50 oder 60 Jahre oder noch älter sind. Mit entsprechender Wartung ist das durchaus machbar. In der Verkehrsfliegerei ist der Fokus natürlich ein anderer. Doch das Ende eines Flugzeugs bedeutet nicht das Ende seines Werts – oft können einzelne Komponenten weiterverwendet oder recycelt werden.

In diesem Kapitel werfen wir einen Blick auf den Lebenszyklus eines Flugzeugs, wenn es aus dem aktiven Dienst genommen wird, sowie auf die verschiedenen Schicksale, die ein Flugzeug am Ende seiner Flugeinsätze erwarten.

↓ Nachdem die wertvollen Triebwerke und Fahrwerksteile demontiert wurden, liegt das Flugzeug nur noch auf ein paar Holzbohlen, bevor es in seine Einzelteile zerlegt wird.

Foto: Sebastian Thoma | photo.aicpilot.com

Flugzeugfriedhöfe – Die letzten Ruheorte für Flugzeuge

Wenn ein Flugzeug außer Dienst gestellt wird, endet es oft auf einem sogenannten „Flugzeugfriedhof". Diese Abstellflächen liegen meist in wüstenartigen Regionen, wie in der Mojave-Wüste in Kalifornien, den USA, oder in Teruel, Spanien. Flugzeugfriedhöfe bieten genügend Platz und trockene klimatische Bedingungen, die dafür sorgen, dass die Flugzeuge nicht rosten oder im Inneren schimmeln. Das Fehlen von Feuchtigkeit hilft da-

↑ Nachdem die wertvollen Teile alle ausgebaut wurden, wird auch das Aluminium der Außenhaut verwertet. Die Verschrottung erfolgt äußerst rabiat mit dem Bagger.

bei, die Strukturen der Flugzeuge zu schützen, falls sie später wieder verwendet oder ausgeschlachtet werden sollen.

Einige dieser Flugzeuge werden nur kurzfristig abgestellt – etwa in Zeiten wirtschaftlicher Unsicherheiten, wenn Fluggesellschaften ihre Flotten verkleinern oder Flugzeugtypen, die weniger effizient sind, auf Eis legen. Andere Flugzeuge hingegen werden langfristig geparkt und warten auf ihre endgültige Demontage oder auf Käufer, die vielleicht noch Ersatzteile benötigen. ◄

→ Kein Flugzeugabsturz sondern ein organisiertes Ausschlachten! Die vielen kleinen Löcher am Rumpf sind Aluminiumausschnitte, die zu Schlüsselanhängern verwertet wurden. Triebwerke und Cockpit wurden an einem anderen Flugzeug wiederverwendet.

Foto: Sebastian Thoma | photo.atcpilot.com

Der Rückbau eines Flugzeugs – Ausschlachten und Verwerten

Wenn ein Flugzeug nicht mehr als Ganzes verwendet werden kann, beginnt der Prozess des sogenannten „Ausschlachtens“. Dabei werden alle noch brauchbaren Teile aus dem Flugzeug entfernt. Triebwerke, Avioniksysteme, Hydraulikkomponenten und sogar Sitze und Toiletteneinrichtungen können entfernt und wiederverwendet oder weiterverkauft werden.

Triebwerke gehören dabei zu den wertvollsten Komponenten eines Flugzeugs. Ihre Lebensdauer kann die des Flugzeugs selbst überdauern, und sie sind oft sehr begehrt auf dem Ersatzteilmarkt. Fluggesellschaften kaufen häufig gebrauchte Triebwerke, um ihre noch flugfähigen Flugzeuge instand zu halten. Auch die Avionik, also die elektronischen Systeme eines Flugzeugs, kann bei jüngeren Flugzeugen weiterverwendet werden. Besonders wenn sich Technologien über die Jahre kaum verändert haben, sind diese Teile auf dem Gebrauchtmarkt sehr gefragt.

Das Ausschlachten eines Flugzeugs erfolgt sehr systematisch. Zunächst werden alle gefährlichen Substanzen wie Treibstoffreste und chemische Flüssigkeiten sicher entfernt. Danach beginnt die Demontage der Außenhaut und der inneren Strukturen. Nach dem Ausbau der Teile wird das verbleibende Fluggerüst oft in kleinere Teile geschnitten und als Altmetall verkauft. Rund 85 bis 90 % eines modernen Verkehrsflugzeugs können recycelt werden, was den Prozess nicht nur aus ökonomischer Sicht attraktiv macht, sondern auch aus ökologischer.

Da für die zahllosen und oftmals sperrigen Ersatzteile keine riesigen Lagerhallen existieren, dienen die Flugzeuge selbst als Lagerstätte. Die ausgeschlachteten Innenräume der Flugzeugzellen bieten Platz um allerlei Bauteile zu verstauen, bis sie benötigt werden. Auch noch verbaute Bauteile wie Fenster oder Türen des Luftfahrzeugs können dann nach Bedarf entnommen werden. Erst wenn ein Großteil des Flugzeuges ausgeschlachtet ist und der Aluminiumpreis auf einem Hoch ist, wird das gesamte Flugzeug mit dem Bagger auseinander gerissen und die Rohstoffe verwertet. ◂

→ Wenn der Bagger fertig ist, passt eine Boeing in ein paar kleine Schuttcontainer.

Foto: Sebastian Thoma | photo.atcpilot.com

N624SW

→ Die Überreste einer Boeing 747-400. Einige Betonfässer stehen im Bug des Jumbojets, um ein Umkippen nach hinten während der Demontage zu vermeiden.

Foto: Sebastian Thoma | photo.atcpilot.com

N454PC

Foto: Sebastian Thoma | photo.atcpilot.com

← Auch teure Businessjets wie diese Gulfstreams kommen irgendwann an das Ende ihres Lebens und werden ausgeschlachtet und später verschrottet.

Die größten Flugzeugfriedhöfe weltweit – Einblicke in ihre Geschichte und Exponate

Flugzeugfriedhöfe sind nicht nur Abstellplätze für alte Flugzeuge, sondern auch faszinierende Zeugnisse der Luftfahrtgeschichte. Sie bieten Einblicke in die Entwicklung der Luftfahrtindustrie, von der Zivilluftfahrt über militärische Flugzeuge bis hin zu modernen Maschinen. Im Folgenden werden einige der bekanntesten und größten Flugzeugfriedhöfe der Welt vorgestellt, die in verschiedenen Regionen liegen und jeweils ihre eigene Geschichte haben.

USA – Die bekanntesten Flugzeugfriedhöfe

Die USA sind die Heimat der größten Flugzeugfriedhöfe der Welt. Hier sind einige der bedeutendsten Standorte:

Illustration: schreiberVIS, Joachim Schreiber

Mojave Air & Space Port
[MHV] (Kalifornien)

Foto: Sebastian Thoma | photo.atcpilot.com

Foto: Sebastian Thoma | photo.atcpilot.com

↑ Einer der „Organspender“ des Scale Composites Stratolaunchers ist die Boeing 747 von S. 130/131.

→ Virgin hat hier ein Experimentalflugzeug auf Basis einer 747 gebaut, welches aus der Luft Raketen abwirft. So lässt sich Treibstoff für Raketen sparen, da sie einen Teil der Erdanziehung schon überwunden haben und auf eine hohe Geschwindigkeit gebracht werden.

Foto: Sebastian Thoma | photo.atcpilot.com

↑ Die viermotorige Turboprop Douglas C-133 Globemaster aus den 1950er-Jahren ist ein seltener Anblick. In Mojave finden sich noch zwei Exemplare.

Foto: Sebastian Thoma | photo.atcpilot.com

↑ Ein weiterer seltener Anblick sind diese Convair 880 und 990. Vielleicht ist man zu wehmütig, sie zu verschrotten. Abnehmer für Ersatzteile wie die veralteten Triebwerke gibt es wohl keine mehr.

Der Mojave Air & Space Port, etwa 150 Kilometer nördlich von Los Angeles in der Mojave-Wüste gelegen, ist einer der berühmtesten Flugzeugfriedhöfe der Welt. Ursprünglich während des Zweiten Weltkriegs als Militärflugplatz eröffnet (Marine Corps Auxiliary Air Station (MCAAS) Mojave), entwickelte sich das später in Mojave Air & Space Port umbenannte Areal zu einem Test- und Lagerort für zivile und militärische Flugzeuge. Aufgrund des trockenen Klimas und der weiten Fläche werden hier Flugzeuge geparkt, die auf eine Wiederverwendung warten oder ausgeschlachtet werden. Besonders bekannt ist der Mojave Air & Space Port durch die Vielzahl an Boeing 747, die hier über die Jahre abgestellt wurden, sowie für seine Rolle in der Raumfahrtindustrie. Unternehmen wie Virgin Galactic nutzen den Standort für Tests und Entwicklungen von Raumfahrzeugen. Der Stratolaunch

Foto: Sebastian Thoma | photo.atcpilot.com

von Scaled Composites ist hier ebenfalls beheimatet. Bei seinem Bau wurden ausrangierte Cockpits und Triebwerke alter Boeing 747 verwendet. Die Überreste des „Organspenders", eines Jumbos der United Airlines, sehen aus wie nach einem dramatischen Absturz. ◄

↓ →→ Es sieht aus wie das organisierte Chaos. Dutzende Flugzeuge, darunter vor allem Boeing 777 und Boeing 747 Jumbojets stehen kreuz und quer in der Wüste und erwarten ihr Schicksal. Die Maschinen kommen aus aller Welt, zum Beispiel aus Frankfurt, Amsterdam, Sydney, Tokio und Bangkok.

Foto: Sebastian Thoma | photo.atcpilot.com

ATLAS AIR
ATLAS AIR
EVA AIR Cargo
K LINE
Lufthansa
Lufthansa
Lufthansa

→ Die Vierstrahler wurden im Unterhalt immer teurer und so trennen sich nicht nur Passagierfluggesellschaften sondern auch Fracht-Airlines von den Jumbos. Sie sind bereits eine Rarität an den Flughäfen der Welt.

Foto: Sebastian Thoma | photo.atcpilot.com

TF
lufthansa.com
D-ABTF
SOUTHERN AIR

↓ Zahlreiche Ersatzteile wie Triebwerkseinlässe und Ruder warten darauf, als Ersatzteil ein zweites Leben zu bekommen.

→ Alles wird verwertet. Die Tür „Zwei Links“ fehlt bereits. Auf Holzvorrichtungen werden die Landeklappen gelagert. Kleinere Teile kommen in Holzboxen und werden für den Versand vorbereitet.

Foto: Sebastian Thoma | photo.atcpilot.com

Foto: Sebastian Thoma | photo.atcpilot.com

N428BC

Southern California Logistics Airport [VCV] (Victorville, Kalifornien)

In Victorville, etwa 145 Kilometer nordöstlich von Los Angeles, liegt der Southern California Logistics Airport. Früher als George Air Force Base bekannt, wurde der Standort nach der Schließung der Basis 1992 zu einem der größten Abstellplätze für Zivilflugzeuge umgebaut. Insbesondere während der Corona-Pandemie wurden hier zahlreiche Langstreckenflugzeuge geparkt, die durch den stark reduzierten Flugverkehr vorübergehend stillgelegt wurden.

Victorville ist bekannt für die Lagerung von großen Passagiermaschi-

Foto: Sebastian Thoma | photo.atcpilot.com

Foto: Sebastian Thoma | photo.atcpilot.com

← Ein riesiges Areal nordöstlich von Los Angeles wurde von einer Militärbasis zu einem der größten Flugzeugfriedhöfe weltweit.

↑ Qantas schickte hier den Airbus A380 in die Konservierung.

→→ Die größten Nutzer Victorvilles sind Boeing und FedEx. Die aktive Flotte des Dreistrahlers MD-11 benötigt regelmäßig Ersatzteile. So konnten auch Martinair und Lufthansa Cargo noch einen Abnehmer ihrer ausrangierten Flugzeuge finden.

nen, darunter Airbus A380 der Qantas und Boeing 777, die auf eine Wiederinbetriebnahme warten. Viele große Fluggesellschaften, darunter British Airways und Southwest, haben hier Flugzeuge abgestellt, da der Standort über eine große Lagerkapazität verfügt. Außerdem stehen hier Dutzende ausrangierte Maschinen der Frachtfluggesellschaft FedEx, darunter seltene Dreistrahler wie Boeing 727, McDonnell-Douglas DC-10 und MD-11.

Betreiber der Flugzeugverwertung und Lagerung sind ComAv und auch Boeing. Der Flugzeughersteller nutzte Victorville, um während der Pandemie nagelneue Boeing 787 Dreamliner und dutzende Boeing 737 MAX zu parken, als diese nicht ausgeliefert werden konnten. ◄

Foto: Sebastian Thoma | photo.atcpilot.com

FedEx
Express
SUN D'OR

→ United (unten links und oben rechts im Bild) und British Airways gehörten zu den letzten Nutzern des Jumbojets in der Passagiervariante. Die Lufthansa nutzt die Boeing 747 noch heute.

Foto: Sebastian Thoma | photo.atcpilot.com

EVA AIR Cargo
NORSKFREIGHT
BRITISH
FedEx

San Bernardino International Airport [SBD] (Kalifornien)

Der San Bernardino International Airport, ebenfalls in Kalifornien gelegen, hat eine ähnliche Geschichte wie Victorville und Mojave. Ursprünglich als Militärflughafen genutzt, wird er heute als ziviler Flughafen und als Lagerstätte für Flugzeuge verwendet. Neben der Lagerung von Flugzeugen dient der Flughafen auch als Zentrum für Wartungsarbeiten und Flugzeugreparaturen. ◂

→ Viel Platz gibt es auf dem ehemaligen Militärflughafen nicht. Ausrangierte Regionalflugzeuge von Delta stehen dicht verschachtelt neben Langstreckenflugzeugen wie den A340-600, die einst für South African Airways flogen.

→ Die indonesische Fluggesellschaft Lion Air gab 22 ihrer Boeing 737 an den Leasinggeber zurück. Geparkt wurden sie in San Bernadino, bevor sie an Delta Air Lines gingen.

Foto: Sebastian Thoma | photo.aeropilot.com

← Auch seltene Exemplare, wie diese Boeing 727 werden in San Bernadino verwertet.

6

→ Bevor die Flugzeuge vollständig verschrottet werden, kommen sämtliche Einzelteile in Holzkisten und werden als Ersatzteile verkauft. Erst dann kommt ein Bagger mit der Abrissbirne.

Foto: Sebastian Thoma | photo.atcpilot.com

Western Express
الإتحاد

6

→ Fahrwerke, einzelne Räder, Cockpits und Landeklappen. Alles wird verwertet. Kunden für Cockpits und Kabinen sind zum Beispiel Firmen und Privatpersonen, die Flugsimulatoren oder Trainingsgeräte bauen. Auch Hollywood bedient sich regelmäßig für Filmproduktionen an Flugzeugrümpfen.

Foto: Sebastian Thoma | photo.atcpilot.com

2017 FORMULA 1
ABU DHABI GRAND PRIX

Pinal Airpark
[MZJ] (Marana, Arizona)

↑ Eine Vielzahl von Embraer Regional Jets steht auf einer unbefestigten Parkfläche. Die Flugzeuge wurden für American Airlines betrieben.

Der Pinal Airpark liegt in der Nähe von Tucson, Arizona, und ist ein weiterer bekannter Flugzeugfriedhof in den USA. Aufgrund des heißen, trockenen Klimas von Arizona bietet der Standort ideale Bedingungen für die Langzeitlagerung von Flugzeugen. Der Airpark diente in der Vergangenheit als Militärbasis und wurde nach dem Ende des Kalten Krieges zu einem kommerziellen Flugzeuglager umgewandelt.

Bekannt ist der Pinal Airpark vor allem für die Lagerung von McDonnell-Douglas DC-10 und Lockheed L-1011 TriStar, die hier bis zur Demontage oder zum Ausschlachten abgestellt wurden. Zudem beherbergt der Airpark zahlreiche seltene 747-Maschinen wie die Boeing 747 Dreamlifter, mehrere Boeing 747 SP, ein auf dem Jumbo basierendes Feuerlöschflugzeug und sehr alte, noch nicht verschrottete Boeing 747-100 und -200 der TWA und All Nippon Airways (ANA). ◂

↑ Die kurze Variante der Boeing 747 mit dem Namen „SP" ist heute ein seltener Anblick. Anfangs von großen Airlines für Ultralangstrecken verwendet, flog sie zuletzt noch für einige VIPs um die Welt. Nun warten sie hier auf die Verschrottung.

← Ein weiteres besonderes Exemplar der Boeing 747 ist der Dreamlifter – ein Transportflugzeug, welches Bauteile für Boeing transportiert. Betrieben werden die Super-Frachter von Atlas Air, einer Frachtfluggesellschaft mit vielen Boeing 747 in der Flotte.

Foto: Sebastian Thoma | photo.atcpilot.com

Foto: Sebastian Thoma | photo.atcpilot.com

← Ein bunter Mix aus Kurz- und Langstreckenflugzeugen aus aller Welt wartet auf die Verwertung oder ein neues Leben bei einer anderen Fluggesellschaft.

↑ Der Airbus A320 und die Boeing 737 sind die erfolgreichsten Verkehrsflugzeuge in der Geschichte der Fliegerei. Hier stehen sie nebeneinander und warten auf die Verschrottung.

Davis-Monthan Air Force Base
[DMA] (Tucson, Arizona)

↓ Eine atemberaubende Zahl von Luftfahrzeugen steht auf der Davis-Monthan-Air-Force-Base in Tucson, Arizona.

Die Davis-Monthan Air Force Base ist der weltweit größte Flugzeugfriedhof und wird vom Militär betrieben. Sie ist Teil der 309th Aerospace Maintenance and Regeneration Group (AMARG) und wird oft als „The Boneyard" bezeichnet. Hier lagern rund 4000 Militärflugzeuge und Hubschrauber, die entweder ausgeschlachtet oder aufbewahrt werden, falls sie in Zukunft wiederverwendet werden sollen. Rund zwei Drittel dieser Flugzeuge könnten wieder flugtauglich gemacht werden.

Der Boneyard beherbergt eine Vielzahl an Militärflugzeugen, darunter B-52 Stratofortress-Bomber, diverse Kampfjets wie die F-16 Fighting Falcon oder Transportmaschinen wie die C-130 Hercules und C-5 Galaxy. Viele

→ Eine Vielzahl an Waffensystemen wurde hier ebenfalls eingelagert und dient noch als Ersatzteilspender für aktive Flugzeuge. Vom Panzerknacker A-10 bis zum Flugzeugträger-Jet F-18: Von fast jedem aktiven Kampfjet stehen hier Exemplare.

← Die C-5 Galaxy fliegt noch heute und wurde mit neuen Triebwerken und Cockpits ausgestattet. Einige der hier abgestellten Maschinen könnten bei Bedarf noch reaktiviert werden.

der Flugzeuge, die hier geparkt sind, werden zur Ersatzteilgewinnung genutzt, während andere als historische Exponate an Museen weitergegeben werden. Dazu später noch mehr. ◂

→→ Ein Abrüstungsabkommen aus Zeiten des Kalten Krieges sah vor, dass diverse B-52-Bomber zerstört werden müssen. Sie sollten genau so liegen bleiben, bis russische Aufklärungssatelliten die Zerstörung bestätigten. Einige der Flugzeuge stehen noch heute unverändert dort.

Foto: Sebastian Thoma | photo.atcpilot.com

Foto: Sebastian Thoma | photo.atcpilot.com

← Die B-1-Bomber gehören zu den eindrucksvollsten Fluggeräten der U.S. Air Force. Oben rechts im Bild sind F-18-Kampfjets zu sehen, die einst für die Kunstflugstaffel der U.S. Navy (Blue Angels) flogen.

↑ Die Tragflächen dieser Aufklärungsflugzeuge sind mit einem Klapp-Mechanismus ausgestattet. Das spart nicht nur Platz auf dem Flugzeugträger, sondern auch auf dem Friedhof.

↓ Auch Drehflügler wie diese CH-53 und CH-47-Hubschrauber finden sich hier.

Foto: Sebastian Thoma | photo.atcpilot.com

↓ Die P-3 Orion war nicht nur in der amerikanischen sondern auch in der deutschen Marine aktiv. Als Seeaufklärer hatten die Flugzeuge Sensorik, um U-Boote aufzuspüren.

→ Basierend auf der Boeing 707 gab es viele militärische Varianten des Passagierflugzeugs. Neben der KC-135, einem Luftbetankungsflugzeug, gibt es auch die AWACS. Sie hat eine Radarantenne auf dem Rumpf montiert und erstellt Luftlagebilder in den Einsatzregionen. Sie fliegen noch heute für die NATO.

Foto: Sebastian Thoma | photo.atcpilot.com

↓ Neben den Kampfjets stehen auch viele Kampfhubschrauber in der Wüste Arizonas.

Foto: Sebastian Thoma | photo.atcpilot.com

Foto: Sebastian Thoma | photo.atcpilot.com

Foto: Sebastian Thoma | photo.atcpilot.com

↑ Die Lockheed S-3 Viking ist ein für Flugzeugträger konzipiertes Jagd- und Suchflugzeug für die U-Boot-Bekämpfung.

← Die F-18 fliegt noch heute im Einsatz, allerdings wurde sie weiterentwickelt und verbessert. Viele alte Modelle dienen hier nur noch als Ersatzteilspender.

→ Wer das angrenzende Pima Air & Space Museum besucht, kann geführte Touren über den Flugzeugfriedhof buchen. Hier wurde eine Vielzahl von Flugzeugtypen ausgestellt, die auf der Davis-Monthan-Air-Force-Base lagern – darunter auch seltene Prototypen und Einzelstücke.

Foto: Sebastian Thoma | photo.afcpilot.com

Kingman Airport
[IGM] (Arizona)

In Kingman, Arizona, liegt ein weiterer historischer Flugzeugfriedhof. Der Kingman Airport diente während des Zweiten Weltkriegs als Militärflughafen und entwickelte sich nach Kriegsende zu einem Lagerplatz für ausrangierte Flugzeuge. Heute wird der Standort vor allem zur Lagerung älterer Maschinen genutzt, darunter Boeing 727 und Douglas DC-8. Überwiegend stehen hier allerdings kleine Regionalverkehrsflugzeuge wie Embraer 145 und Regional Jets von Canadair/Bombardier. ◂

↓ Nicht weit vom Hoover Dam und Las Vegas entfernt stehen in Kingman dutzende Regionalflugzeuge in der Wüste.

Foto: Sebastian Thoma | photo.atcpilot.com

Foto: Sebastian Thoma | photo.airpilot.com

Foto: Sebastian Thoma | photo.airpilot.com

↑ Die Boeing 727 der amerikanischen Frachtfluggesellschaft Asia Pacific haben ein bewegtes Leben hinter sich. Die Maschinen aus den 70er-Jahren flogen unter anderem für Singapore Airlines.

← An einer Ecke des Flughafens geht es vier Canadair Regional Jets (CRJ) gerade an den Kragen. Die Maschinen flogen Zubringerflüge für Delta.

→→ Ein besonders seltenes Flugzeug ist die DC-8, in den knallig gelben Farben der DHL.

Foto: Sebastian Thoma | photo.atcplot.com

magnicharters.com
DELTA
STAR ALLIANCE
Spanair

Orlando Sanford International Airport
[SFB] (Florida)

Der Orlando Sanford International Airport in Florida ist einer der wenigen Flugzeugfriedhöfe an der Ostküste der USA. Ursprünglich ein Militärstützpunkt, beherbergt der Flughafen heute zahlreiche zivile Flugzeuge, darunter Maschinen, die vorübergehend stillgelegt wurden oder auf den Verkauf warten. Das feuchte Klima allerdings ist für die längere Lagerung nicht optimal und so sind an den schon länger abgestellten Maschinen deutlich Verwitterungsspuren zu erkennen. Die Lufthansa brachte hier einen Großteil ihrer außer Dienst gestellten Boeing 737 her. ◂

↓ Hier wird deutlich, warum trockene Regionen in Wüsten bevorzugt werden. An den Dreistrahlern ist der Einfluss der Luftfeuchtigkeit und WItterung Floridas sichtbar.

↑ Die Capital Cargo International war eine kleine, in Orlando beheimatete Frachtfluggesellschaft mit Boeing 727 und Boeing 757, die 2013 in ihrer Schwesterfirma Air Transport International (ATI) aufging. Sie ist vor allem bekannt als Betreiber der „Amazon Air“ Flugzeuge, die Waren des Internetgiganten fliegen.

← Einige der ausrangierten Boeing 737 „Bobbies“ der Lufthansa landeten ebenfalls beim Flugzeugverwerter in Florida.

→ Der Airbus A340-600 ist ein seltenes Flugzeug geworden. Betreiber wie die Lufthansa sind dankbar für Ersatzteile und Triebwerke, die aus Spenderflugzeugen, wie dieser Maschine der britischen Virgin stammen.

Foto: Sebastian Thoma | photo.atcpilot.com

C69
avocet

Miami-Opa Locka Executive Airport
[OPA] (Florida)

Der Miami-Opa Locka Executive Airport liegt in der Nähe von Miami und ist neben Geschäftsreiseflügen auch für die Lagerung von Flugzeugen bekannt, die entweder auf Wartung oder den Verkauf warten. Einige ältere Flugzeuge werden hier ausgeschlachtet und für Ersatzteile genutzt. ◂

Foto: Sebastian Thoma | photo.atcpilot.com

← Opa-Locka ist nicht nur ein beliebter Business-Airport im Norden Miamis, sondern auch Wartungsstandort für größere Flugzeuge.

↑ Einige Antonow AN-12 flogen von hier, die von der Usbekischen Avialeasing an die SRX Group in Florida verleast wurden. Mittlerweile wurden sie ausgemustert.

↓ Auf dem Vorfeld stehen neben nagelneuen Geschäftsreiseflugzeugen auch alte Frachter vom Typ „ATP“ sowie einige DC-3-Propellerflugzeuge.

Roswell International Air Center
[ROS] (New Mexico)

↓ Während der Pandemie schickten American und United viele ihrer Langstreckenflugzeuge nach Roswell in die Langzeitaufbewahrung.

Das Roswell International Air Center (RIAC) befindet sich etwa 11 Kilometer südlich des Stadtzentrums von Roswell, New Mexico. Ursprünglich als Roswell Army Airfield während des Zweiten Weltkriegs gegründet und später als Walker Air Force Base während des Kalten Krieges genutzt, wurde der Standort nach der Schließung der Basis im Jahr 1967 in ein ziviles Luftfahrtzentrum umgewandelt. Heute dient das RIAC als bedeutender Lagerplatz für ausgemusterte Flugzeuge.

Aufgrund des trockenen Klimas von New Mexico ist Roswell ein idealer Standort für die Langzeitlagerung von Flugzeugen. Hier sind über 200 Flugzeuge verschiedener Typen abgestellt, darunter zahlreiche ehemalige Maschinen von American Airlines, wie die McDonnell Douglas MD-80-Serie, Boeing 737, 747, 767 und Airbus A330. Während der Corona-Pandemie nutzten Fluggesellschaften wie American Airlines und United Airlines den Standort vermehrt zur vorübergehenden Stilllegung ihrer Flotten. Dies ist auf den Bildern zu sehen. Neben der Lagerung von Flugzeugen ist das RIAC auch ein Zentrum für Flugzeugwartung und -demontage. Unternehmen wie AerSale führen hier umfangreiche

Foto: Ryan Patterson

↑ Die Boeing 757 gilt als Arbeitstier auf der Kurz- und Mittelstrecke. Die vielen Sitze des Zweistrahlers blieben zur Pandemie jedoch leer. Immer mehr Fluggesellschaften trennen sich aufgrund der hohen Wartungskosten von dem in die Jahre gekommenen Flugzeug.

← Auch die Boeing 767 kann wirtschaftlich nicht mehr mit modernen Zweistrahlern wie der 787 mithalten. American und United trennen sich langsam von dem Langstreckenflugzeug.

Wartungsarbeiten durch oder zerlegen Flugzeuge zur Ersatzteilgewinnung. Zudem wurde der Standort für verschiedene Testzwecke genutzt, beispielsweise für Bremstests von Boeing-Modellen wie der 737-900ER und der 787 Dreamliner. ◄

Kansas City International Airport
[MCI] (Missouri)

Der Kansas City International Airport (MCI) liegt etwa 24 Kilometer nordwestlich der Innenstadt von Kansas City, Missouri. Er wurde 1972 eröffnet und ersetzte den vorherigen Kansas City Municipal Airport. Obwohl MCI hauptsächlich als Verkehrsflughafen dient, gibt es in der Region auch Einrichtungen zur Lagerung und Wartung von Flugzeugen. In der Nähe des MCI befinden sich mehrere Unternehmen, die sich auf die Wartung, Lagerung und Demontage von Flugzeugen spezialisiert haben. Diese Einrichtungen bieten Dienstleistungen für verschiedene Flugzeugtypen an, einschließlich der Lagerung von Maschinen, die auf eine Wiederinbetriebnahme warten oder für Ersatzteile ausgeschlachtet werden. Delta Air Lines rüstet zudem in Kansas City ihre neu ausgelieferten Boeing 737 mit der Innenausstattung aus. ◂

↓ Der Flughafen von Kansas City wurde vor allem durch das komplett neu gebaute Terminal bekannt. Er ist jedoch auch Heimat eines großen Flugzeugfriedhofs.

← Nachdem die teuren Triebwerke und das Fahrwerk entfernt wurden, steht diesem Airbus der südamerikanischen Avianca die Verschrottung bevor.

↓ Auch einige kleinere Jets stehen zwischen den ausrangierten Widebodies.

Foto: Sebastian Thoma | photo.atcpilot.com

↑ Die Lockheed L-1011 Tristar wurde vor der Verschrottung bewahrt. Sie dient heute als Schulungszentrum, in dem zum Beispiel Schulklassen die Luftfahrt hautnah erleben und erlernen können.

→ Die BAC 1-11 ist heute nirgendwo mehr im aktiven Dienst zu finden. Das Flugzeug aus den 60ern verfügte über ein Einspritzsystem, welches durch das Abkühlen der Triebwerksluft mit destilliertem Wasser die Leistung kurzfristig für den Start erhöhte.

Foto: Sebastian Thoma | photo.atcpilot.com

Foto: Sebastian Thoma | photo.atcpilot.com

Foto: Sebastian Thoma | photo.atcpilot.com

Foto: Sebastian Thoma | photo.atcpilot.com

↑ Der gelbe Schnabel der Nok Air in Verbindung mit der Lackierung der Scoot war ein Joint Venture namens NokScoot, der beiden asiatischen Airlines aus Thailand und Singapur.

↑↑ Die Fokker 100 der Avianca wurde von der Fluggesellschaft als MK-28 bezeichnet. Sie wurde 2015 ausgemustert und liegt noch heute in ihren Überresten in Kansas City.

↑↑ Von dem dreistrahligen Businessjet ist nicht mehr viel übrig. Die Dassault Falcon 50 stammt aus Saudi-Arabien.

Europa – Die wichtigsten Flugzeugfriedhöfe

In Europa gibt es ebenfalls einige bedeutende Flugzeugfriedhöfe, die hauptsächlich in Frankreich, Spanien und Großbritannien liegen. Hier sind die wichtigsten Standorte:

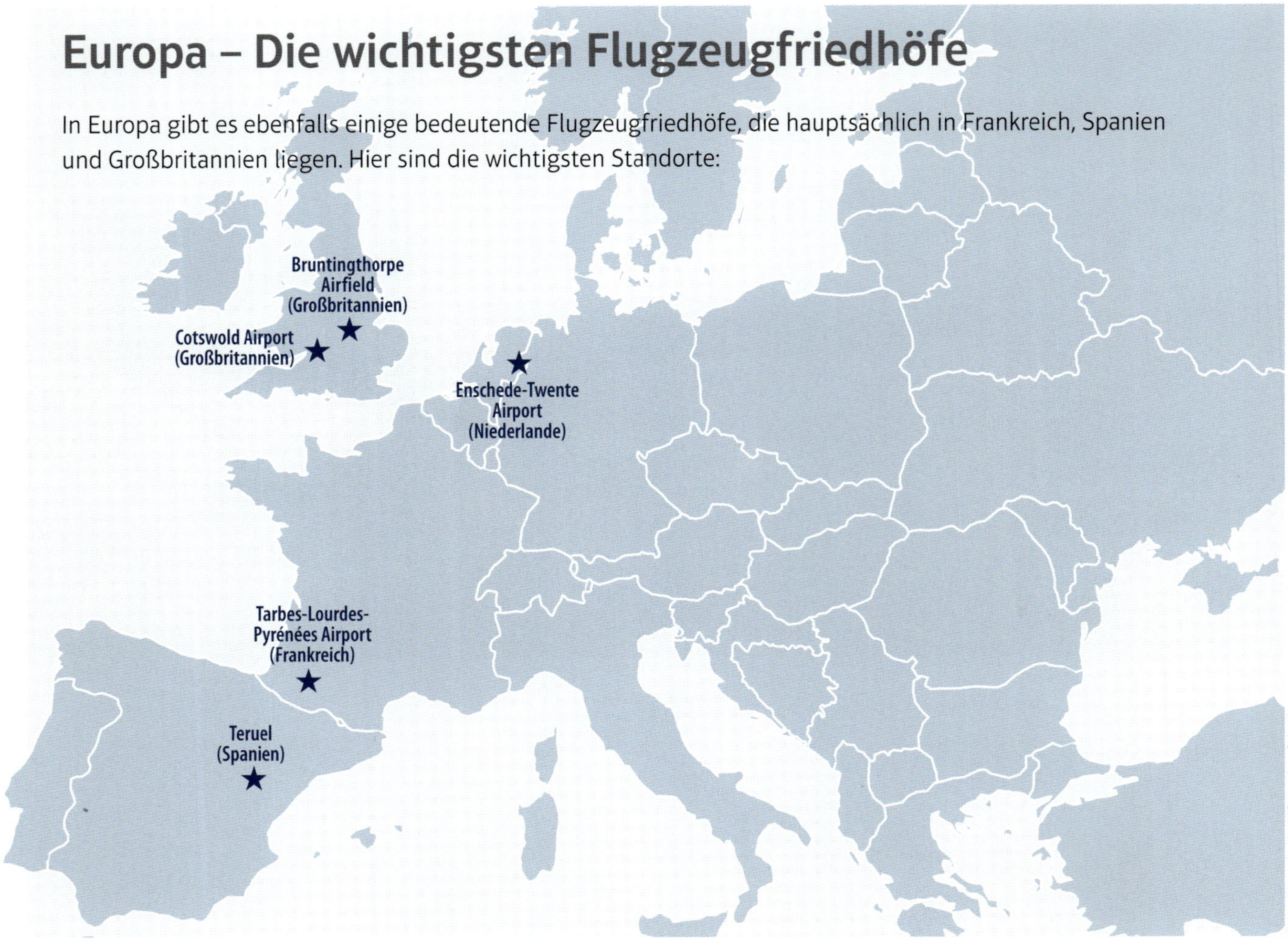

Illustration: schreiberVIS, Joachim Schreiber

Teruel Airport
[TEV] (Spanien)

Der Teruel Airport in der Region Aragonien, Spanien, ist Europas größter Flugzeugfriedhof. Aufgrund der heißen, trockenen Bedingungen und der geringen Feuchtigkeit eignet sich der Standort perfekt für die Langzeitlagerung von Flugzeugen. Teruel wurde erst 2013 eröffnet, hat sich aber schnell zu einem zentralen Lagerplatz für Flugzeuge entwickelt, insbesondere für europäische Fluggesellschaften. Während der Corona-Pandemie gewann er an Bedeutung und Größe, als viele europäische Airlines dringend Abstellflächen brauchten. So parkte die Lufthansa hier ihre A340- und A380-Vierstrahler, British Airways musterte hier einige Boeing 747 aus und selbst nagelneue Flugzeuge wie zwei A350, die für South African Airways bestimmt waren, warteten hier nach der Pleite auf eine ungewisse Zukunft. Teruel wird sowohl für die Langzeitlagerung als auch für Wartungsarbeiten genutzt. ◂

↑→ Der Flughafen Teruel ist der größte Flugzeugfriedhof Europas. Besondere Bekanntheit erlangte der Ort während der Corona-Pandemie, als viele europäische Airlines vor allem aus Platzproblemen ihre Flugzeuge nicht an ihrer Heimatbasis parken konnten.

→ Neben der Lagerung werden Flugzeuge hier auch verschrottet.

OLYMPUS
Lufthansa
AIRBUS

6

→ Die 2006 gebaute D-AIHP mit der Werknummer 771 wurde bereits zwei Mal in Teruel abgestellt. Schon vor der Pandemie waren die Vierstrahler teuer im Unterhalt und sollten ausgemustert werden. Sie kam kurz zurück in den Liniendienst und wurde während der Pandemie wieder in Teruel eingemottet. Die fehlenden Neuauslieferungen von Langstreckenflugzeugen wie der Boeing 787 und 777X ermöglichten der A340-600-Flotte jedoch ein weiteres Leben. Die D-AIHP flog noch 2025 erfolgreich Passagiere um die Welt.

Foto: Sebastian Thoma | photo.atcpilot.com

Avianca.com.br
PR-ONI
Lufthansa

Foto: Sebastian Thoma | photo.atcpilot.com

↑ Eine ausgeschlachtete Boeing 737 wurde zum „Gateguard“ umgebaut.

→ Nur sehr wenige Fluglinien flogen mit dem „Baby-Bus“. Die brasilianische Avianca war neben British Airways, Air France und Tarom eine von ihnen. Es handelt sich bei dem A318 um eine kürzere Version des Airbus A319 bzw. A320. Diese 2008 gebaute Maschine war nur rund zehn Jahre im aktiven Liniendienst, bevor sie nach Teruel kam.

→→↑ Nach und nach werden alle Teile abgebaut und eingelagert, um als Ersatzteil verkauft zu werden. Hier fehlen schon Teile der Tragflächen, die Triebwerke und das Wetterradar.

→→ Dieser Airbus A320 stammt aus dem Baujahr 1991 und trägt die Seriennummer 269. Mittlerweile wurden über 12.000 Flugzeuge der Airbus A320-Familie gebaut. Diese alte Maschine, die für Lufthansa und Eurowings flog, wurde mittlerweile verschrottet.

TRANSAERO
Lufthansa

AIRPORTUGAL
germanwings
Lufthansa Group
D-AIQN

Tarbes-Lourdes-Pyrénées Airport
[LTE] (Frankreich)

Der Tarbes-Lourdes-Pyrénées Airport in Südfrankreich ist ein weiterer wichtiger europäischer Flugzeugfriedhof. Er befindet sich in der Nähe der Pyrenäen und bietet Platz für zahlreiche große Flugzeuge, darunter Airbus A380, die von Fluggesellschaften wie Air France und Singapore Airlines geparkt wurden. Wie auch in Teruel ist Tarmac Aerosave hier der Betreiber. Eine Firma, an der auch Airbus beteiligt ist. Tarbes dient auch als Wartungszentrum und ist für seine technischen Einrichtungen bekannt, die Fluggesellschaften nutzen, um ihre Flugzeuge instand zu halten oder für den Weiterverkauf vorzubereiten. Airbus stellte hier viele nagelneue Flugzeuge aus dem Werk in Toulouse ab, die aufgrund der Pandemie nicht ausgeliefert werden konnten. ◂

↑ Nicht nur Airbus nutzt den Flughafen Tarbes durch die Nähe zum Werksgelände in Toulouse. Während der Pandemie wurde der Flughafen zu einem großen Abstellplatz.

→ Diese beiden Airbus A330 gehörten der französischen Charterfluggesellschaft Corsair sowie der portugisischen HiFly mit ähnlichem Geschäftsmodell. Letztere wirbt mit einer Sonderlackierung für den Schutz der Ozeane vor Plastik.

← Auch der Gigant der Lüfte, der Airbus A380 ist mittlerweile in die Jahre gekommen. Einige Airlines schafften es auch vor der Pandemie nicht, ihre Flugzeuge komplett auszulasten und trennten sich nach wenigen Jahren von den Maschinen.

AIRFRANCE
AIRFRANCE
AIRFRANCE

↑ Ein echter Exot ist der gelb-weiße A340, der für Royal Brunei Airlines flog.

← Da es während der Pandemie zu keinen Auslieferungen kam, stellte der Flugzeughersteller Airbus einige in Toulouse gebaute A350 direkt aus dem Werk nach Tarbes, um hier auf eine Wiederaufnahme des Luftverkehrs zu warten.

←← Wie an einer Perlenkette aufgereiht, schickten viele Airlines ihre Flugzeuge hier aufs Abstellgleis. Neben drei A380 der Air France und drei Boeing 747 der Lufthansa stehen hier auch Langstreckenflugzeuge aus Portugal, Südafrika, China, Indien und USA.

Enschede-Twente Airport
[ENS] (Niederlande)

Foto: Sebastian Thoma | photo.atcpilot.com

Foto: Sebastian Thoma | photo.atcpilot.com

↑→ Insgesamt sechs Jumbos schickte die Lufthansa während der Pandemie nach Enschede-Twente. Eigentlich sollte die 747-400 endgültig ausgemustert werden. Drei von ihnen wurden auch als Teilespender in die USA verkauft, die anderen flogen dann doch wieder aktiv, als die Luftfahrt wieder boomte. Problematisch: Der Flughafen war nicht für Starts solch großer Jets zugelassen. In einem Gerichtsverfahren einigte man sich auf eine Sonderstarterlaubnis, sonst hätten sie den Flughafen nie wieder verlassen können.

Der Enschede-Twente Airport in den Niederlanden ist einer der jüngeren Flugzeugfriedhöfe Europas. Er hat sich seit seiner Eröffnung auf die Lagerung und den Abbau von Flugzeugen spezialisiert. In den letzten Jahren wurden hier vor allem Flugzeuge der Boeing 747-Reihe abgestellt, die von großen internationalen Fluggesellschaften wie KLM und Lufthansa stammen. ◀

Foto: Sebastian Thoma | photo.atcpilot.com

Foto: Sebastian Thoma | photo.atcpilot.com

↑← Die beiden Boeing 737 mit blauem Leitwerk flogen einst für Scandinavian Airlines. Air Portugal schickte zwei ihrer Langstreckenflugzeuge nach Enschede zum Verwerter. Die Airbus A330-Jets wurden durch modernere A330-900neo abgelöst.

Cotswold Airport
[GBA] (Kemble/Großbritannien)

Der Cotswold Airport, auch als Kemble Airfield bekannt, liegt in der englischen Grafschaft Gloucestershire und ist einer der bekanntesten Flugzeugfriedhöfe Großbritanniens. Der Flughafen dient der Lagerung und Demontage von Flugzeugen, darunter viele Maschinen von europäischen und internationalen Fluggesellschaften. Zu den bekanntesten hier geparkten Flugzeugen gehören Maschinen der Airbus A340- und Boeing 747-Reihe. ◂

↓ Eine Boeing 747 der MK Airlines wurde zu einem Veranstaltungsraum umgebaut, bevor sie verschrottet wurde. Die Witterungsverhältnisse in England hinterließen deutliche Spuren auf dem Flugzeug. Kein idealer Ort für eine Lagerung von Flugzeugen im Vergleich zu trockeneren Regionen.

← Die Höhenflosse einer chinesischen Airline liegt auf einigen alten Reifen im Gras. Im Hintergrund wird ein Airbus A321 der italienischen Alitalia zerlegt.

↓ In dem Hangar wird gerade ein Airbus ausgeschlachtet. Neben dem Wetterradar in der Nase wird auch die sensible Avionik ausgebaut – das sind Instrumente des Flugzeuges, die zum Funken, Navigieren und Steuern benötigt werden.

↑ Einer der hier lagernden, entkernten Boeing 747 konnte als Veranstaltungsraum gemietet werden.

Foto: Sebastian Thoma | photo.atcpilot.com

Bruntingthorpe Airfield
(Großbritannien)

Das Bruntingthorpe Airfield in Leicestershire ist ein weiterer Flugzeugfriedhof gewesen, der vor allem für sein Luftfahrtmuseum über die Landesgrenzen hinaus bekannt war. Auch Automagazine nutzten den Flugplatz regelmäßig für Testberichte neuer Fahrzeuge mit einem interessanten Hintergrundbild. Leider wurden die Flugzeuge dort mittlerweile verschrottet und das Land an einen Investor verkauft. Historische Flugzeuge des Museums, wie die Super Guppy fielen den Abriss-Baggern zum Opfer. ◂

↓ Ein bunter Mix an Luftfahrzeugen stand viele Jahre in Bruntingthorpe.

→ Vor allem der seltene und mittlerweile verschrottete Super Guppy sticht aus dem kleinen Museum neben dem Flugzeugfriedhof heraus. Er war der Vorgänger des Airbus Beluga.

← Auch einige Kampfjets standen hier in der Sammlung des Museums.

↓ Als letzter großer Betreiber trennte sich die Royal Air Force von ihrer Lockheed L-1011 Tristar-Flotte. Die Flugzeuge waren vielseitig einsetzbar, etwa als Truppentransporter oder zur Luftbetankung.

↓← Auch die Vickers VC10 ist ein in die Jahre gekommenes Flugzeug und wurde zuletzt nur noch von der Royal Air Force betrieben. Sie war bei Anwohnern bekannt für den ohrenbetäubenden Lärm der vier Triebwerke. Der letzte Tanker ging 2013 außer Dienst.

Foto: Sebastian Thoma | photo.atpilot.com

Recycling und Upcycling – Flugzeuge als Schlüsselanhänger und Möbel

Die Wiederverwendung von Flugzeugteilen endet nicht immer auf dem Ersatzteilmarkt oder in der Metallverarbeitung. In den letzten Jahren ist das sogenannte „Upcycling" von Flugzeugteilen zu einem kreativen und lukrativen Geschäftszweig geworden. Eines der bekanntesten Beispiele sind Schlüsselanhänger, sogenannte „Planetags" oder „Aviationtags", die aus der Außenhaut alter Flugzeuge geschnitten und in kleine, individuell nummerierte Erinnerungsstücke verwandelt werden. Diese Anhänger werden bei Luftfahrtenthusiasten weltweit immer beliebter, da jeder Anhänger ein einzigartiges Stück Geschichte in sich trägt.

Darüber hinaus werden größere Teile von Flugzeugen, wie Tragflächen oder Rumpfteile, oft zu Designermöbeln umgewandelt. Flugzeugmöbelhersteller schneiden beispielsweise Fensterrahmen und Triebwerksteile zurecht, um daraus stilvolle Tische, Schränke oder sogar Betten zu machen. In einigen Fällen entstehen sogar Kunstwerke aus diesen Materialien, die Sammler und Liebhaber der Luftfahrt begeistern.

↓ Die „Coffee War 331 Station" in Sattahip, Thailand. Besucher können in Flugzeugen wie der ehemaligen Thai Airways Boeing 747-400, der Boeing 737-400, dem Airbus A330, sowie der ehemaligen Angel Air L-1011 Tristar Eiskaffee trinken und shoppen gehen.

Foto: Dirk Grothe | www.digroaero.com

Foto: Dirk Grothe | www.digroaero.com

← Die ehemalige Lufthansa Viscount D-ANAB (1959 – 1969) ist jetzt das „Restaurant Silbervogel“ in Hannover.

Foto: Dirk Grothe | www.digroaero.com

←→ Auch wenn es so aussieht, diese C-47 ist nicht in das Royal Garden Plaza Einkaufszentrum in Pattaya/Thailand gestürzt. Vielmehr ist sie Teil des „Ripley’s – believe it or not“ Erlebniszentrums im zweiten Stock. Hier handelt es sich um eine ehemalige US Army Air Force und später South Vietnamese Air Force Dakota aus den 1940er-Jahren.

Foto: Dirk Grothe | www.digroaero.com

Foto: Dirk Grothe | www.digroaero.com

← Diese Orient Thai MD-81 mit der Kennung HS-MDI ist nun das „Namdang Airlines“ Restaurant in Bangkok, Thailand.

Foto: Dirk Grothe | www.digroaero.com

Foto: Dirk Grothe | www.digroaero.com

Foto: Dirk Grothe | www.digroaero.com

↑↑ Eine der am schönsten eingerichteten Boeing 747 ist sicherlich das „747 Cafe" in Lat Krabang nahe dem Flughafen Bangkok-Suvarnabhumi. Hier kauft man seine Eintrittskarte als „Boarding-Pass" am Schalter für umgerechnet 4 Euro und hat ein Getränk frei. Die 747 wurde 1992 an United Airlines geliefert und flog anschliessend für Saudi Arabian Airlines und Orient Thai Airlines, bevor sie 2015 in Suvarnabhumi abgestellt und 2020 für den Transport zerlegt wurde.

Ein weiteres Beispiel für die kreative Wiederverwertung ist die Umfunktionierung alter Flugzeuge zu Hotels oder Restaurants. Ein berühmtes Beispiel ist das Jumbo Stay Hostel am Flughafen Stockholm-Arlanda, das in einer ausrangierten Boeing 747 untergebracht ist. Solche Projekte bewahren nicht nur ein Stück Luftfahrtgeschichte, sondern bieten auch eine einzigartige Erfahrung für die Besucher.

Das „WingHouse" in Kalifornien ist ein einzigartiges architektonisches Meisterwerk, das aus Teilen einer ausrangierten Boeing 747-100 gebaut wurde. Entworfen vom Architekten David Hertz, befindet sich das Haus in den Hügeln von Malibu und nutzt

Foto: Sebastian Thoma | photo.aeropilot.com

Foto: Dirk Grothe | www.digroaero.com

↑ Das sogenannte Winghouse ist eine architektonische Meisterleistung. Mit einem Hubschrauber wurden die Tragflächen des Jumbos, die nun als Dachkonstruktion einer Villa dienen, auf den Berg unweit der Hollywood Hills in Kalifornien gebracht. Liebe im Detail: Triebwerkseinlässe bilden einen Whirlpool sowie ein Blumenbeet.

← Die ehemalige Royal Thai Air Force C-47 ziert heute den Train Night Market Srinakarin in Bangkok, Thailand.

die gigantischen Tragflächen der Boeing 747 als markantes, wellenförmiges Dach. Die Idee hinter dem Projekt war, recycelte Materialien aus der Luftfahrt mit nachhaltiger Architektur zu verbinden und ein spektakuläres Wohnhaus zu schaffen, das sich harmonisch in die Umgebung einfügt. Das Flugzeug, dessen Teile für das „WingHouse“ verwendet wurden, gehörte ursprünglich Pan Am und später Tower Air, bevor es ausgemustert und auf dem Flugzeugfriedhof in Mojave geparkt wurde. Statt vollständig verschrottet zu werden, erwarb Hertz die Tragflächen und weitere Flugzeugteile, um sie in das Design des Hauses zu integrieren. Die Tragflächen, die jeweils 22 Meter lang sind, dienen nicht nur als Dach, sondern auch als architektonisches Highlight, das die gewungene Form der Hügel nachahmt. Zudem wurden Teile des Flugzeugrumpfes für Nebengebäude wie ein Gästehaus oder eine Kunstgalerie verwendet. Den Garten ziert ein Whirlpool, der in eine Triebwerksverkleidung gebaut wurde. ◂

Luftfahrtmuseen – Bewahrung der Geschichte

Einige Flugzeuge schaffen es in Luftfahrtmuseen, wo sie als stumme Zeugen vergangener Zeiten ausgestellt werden. Diese Museen tragen dazu bei, das Erbe der Luftfahrt zu bewahren und den Besuchern einen Einblick in die Entwicklung der Technologie und der Luftfahrtindustrie zu geben. Besonders ikonische Flugzeuge, wie die Concorde, die Boeing 747 oder historische Militärjets, finden oft ihren Platz in diesen Ausstellungen.

Museen wie das Smithsonian National Air and Space Museum in Washington, D.C., das Musée de l'Air et de l'Espace in Le Bourget bei Paris oder das Deutsche Museum in München beherbergen eine beeindruckende Sammlung an historischen Flugzeugen. Viele dieser Flugzeuge werden sorgfältig restauriert, damit sie so nah wie möglich am Originalzustand präsentiert werden können. Manchmal werden die Maschinen sogar flugfähig gehalten und bei besonderen Veranstaltungen vorgeführt.

Besonders beliebt ist das Pima Air & Space Museum in Tucson, Arizona, das sich neben dem größten Flugzeugfriedhof, der Davis-Monthan Air Force Base befindet. Es ist das größte privat betriebene Luftfahrtmuseum der Welt und beherbergt über 400 Flugzeuge und Raumfahrzeuge auf einer Fläche von mehr als 320.000 Quadratmetern. Das Museum wurde 1976 eröffnet und ist seitdem stetig gewachsen. Es bietet eine der umfangreichsten Sammlungen von Flugzeugen, die von der zivilen Luftfahrt über Militärmaschinen bis hin zu Raumfahrttechnologie reichen.

↓ Das Pima Air & Space Museum umfasst einige große Hallen und expandiert immer weiter, um vor allem im Außenbereich neue Exponate aufzunehmen.

Foto: Sebastian Thoma | photo.atcpilot.com

→ Ein wilder Mix aus Exoten und Klassikern ist hier zu finden. Die große Constellation aus den 40er Jahren revolutionierte damals die Verkehrsluftfahrt.

Die Größe und das Layout des Pima Air & Space Museums

Das Pima Air & Space Museum umfasst sechs große Hangars sowie weitläufige Außenbereiche, auf denen eine Vielzahl von Exponaten präsentiert werden. Die Sammlung des Museums reicht von Flugzeugen der Frühzeit der Luftfahrt bis hin zu modernen Düsenjets und Raumfahrttechnologie.

Ein besonderer Teil des Museums ist das Gelände des sogenannten „Aircraft Boneyard“, das offiziell als 309th Aerospace Maintenance and Regeneration Group (AMARG) bekannt ist. Dieses angrenzende Gelände ist die größte und bekannteste Lagerstätte für stillgelegte Militärflugzeuge weltweit. Hier, in der trockenen Luft Arizonas, werden Tausende von Militärjets, Transportflugzeugen und Hubschraubern aufbewahrt, oft in der Hoffnung,

→ Die Boeing YC-14 ging nie in Serienproduktion. Es gab nur zwei Prototypen, welche möglicherweise die C-130 Hercules ersetzen sollten. Das Programm wurde jedoch eingestellt.

→→ Auch modernere Flugzeuge haben es ins Museum geschafft. Diese Boeing 787 war der zweite Prototyp des neuartigen Verkehrsflugzeuges aus kohlefaserverstärktem Kunststoff.

Foto: Sebastian Thoma | photo.atcpilot.com

Foto: Sebastian Thoma | photo-atopilot.com

↑ Diese VC-137 beförderte unter dem Callsign „Air Force One" Präsidenten wie Eisenhower und Kennedy.

dass sie in Zukunft wieder in Dienst gestellt oder als Ersatzteillager genutzt werden können. Eine Führung durch dieses Gelände ist für Besucher des Pima Air & Space Museums möglich und gehört zu den Highlights des Besuchs.

Das Museum beherbergt außerdem eine beeindruckende Sammlung von Flugzeugen, darunter einige der berühmtesten und technologisch bedeutendsten Maschinen der Luftfahrtgeschichte. Zu den wichtigsten Exponaten gehören:

SR-71 Blackbird: Der legendäre Aufklärungsjet, der als das schnellste bemannte Flugzeug gilt, das jemals in Dienst gestellt wurde. Die SR-71 war in der Lage, längere Zeit mit mehr als dreifacher Schallgeschwindigkeit zu fliegen, und spielte eine wichtige Rolle im Kalten Krieg.

Boeing B-52 Stratofortress: Dieser strategische Langstreckenbomber wurde im Kalten Krieg entwickelt und ist eines der langlebigsten Flugzeuge im Dienst der US-Luftwaffe. Im Pima Air & Space Museum ist eines der originalen Flugzeuge ausgestellt, das einen tiefen Einblick in die militärische Luftfahrtgeschichte bietet. Das Ende der 1940er-Jahre entwickelte Flugzeug fliegt noch heute im aktiven Einsatz.

Lockheed Constellation: Eine der elegantesten und technologisch fortschrittlichsten Maschinen der Nachkriegszeit, die den internationalen Flugverkehr in den 1950er-Jahren dominierte. Dieses Flugzeugmodell war bei vielen Fluggesellschaften weltweit im Einsatz und steht für eine Ära der Glamourreisen.

Boeing 787 Dreamliner: Ein moderneres Highlight ist ein Boeing 787 Dreamliner, der für seine fortschrittlichen Materialien und seine Treibstoffeffizienz bekannt ist. Es handelt sich um den zweiten Prototypen von Boeing, welcher für die Flugerprobung und Zulassung eingesetzt wurde.

Boeing 707 / VC-137A: Ehemalige Regierungsjets der USA gehören ebenfalls zum Repertoire. Die Boeing 707 flog unter anderem als Air Force One den ehemaligen Präsidenten Ronald Reagan in viele Länder der Welt.

→ In einer „Gerümpelecke" des Museums stehen einige Projekte, die noch für die Ausstellung restauriert werden. Dazu gehört unter anderem die Boeing 727-100 der United. Es ist die fünfte je gebaute Maschine und die erste, die an einen Kunden ausgeliefert wurde.

→↑ Diese KC-135 der NASA trägt den Spitznamen „Vomit Comet". Die Maschine führte Parabelflüge durch, um Schwerelosigkeit zu simulieren.

→ Die Boeing KB-50J Superfortress war ein viermotoriger Bomber, der später zum Tanker umgebaut wurde. Um mit schnelleren Jets mithalten zu können, wurden zwei Außentanks unter den Tragflächen durch zwei Jettriebwerke ersetzt. So kam das Flugzeug auf insgesamt 6 Triebwerke.

Neben diesen Flugzeugen gibt es im Museum auch eine umfangreiche Sammlung von Hubschraubern, bemannten Raumfahrzeugen, Drohnen und Modellen von historischen Raketen. Das Museum zeigt außerdem seltene und ungewöhnliche Prototypen sowie militärische Ausrüstungsgegenstände, die tiefere Einblicke in die Geschichte der Luft- und Raumfahrt geben. ◂

Foto: Sebastian Thoma | photo.atcpilot.com

Foto: Sebastian Thoma | photo.atcpilot.com

Foto: Sebastian Thoma | photo.atcpilot.com

Foto: Sebastian Thoma | photo.atcpilot.com

Air Force Flight Test Museum Palmdale, Kalifornien

Das Air Force Flight Test Museum in Palmdale, Kalifornien, ist ein bedeutendes Zentrum für die Geschichte und Entwicklung der Luftfahrttechnologie in den USA. Gelegen in der Nähe der Edwards Air Force Base und des berühmten Plant 42, wo viele der fortschrittlichsten militärischen Luftfahrtprojekte der USA entwickelt wurden, bietet das Museum eine beeindruckende Sammlung von Testflugzeugen und Prototypen. Es ist Teil der U.S. Air Force Flight Test Center Foundation und widmet sich der Dokumentation der bahnbrechenden

↑ Das Museum liegt in unmittelbarer Nähe zum Flughafen Palmdale und hat diverse Flugversuchsträger in der Ausstellung.

→ Besonderes Highlight ist eine modifizierte Boeing 747, die als Trägerflugzeug für das Space Shuttle diente.

Foto: Sebastian Thoma | photo.atcpilot.com

Foto: Sebastian Thoma | photo.atcpilot.com

↑ Eine der letzten Aufnahmen der Boeing 747 SP „SOFIA“ an ihrer Homebase Palmdale. Das Gemeinschaftsprojekt, ein fliegendes Teleskop, von NASA und DLR wurde ausgemustert und steht nun im Pima Air & Space Museum.

Testprogramme, die in der Mojave-Wüste durchgeführt wurden.

Das Museum beherbergt zahlreiche seltene und einzigartige Exponate, darunter experimentelle Flugzeuge wie die North American X-15, die eine entscheidende Rolle in der Entwicklung von Raumfahrttechnologien spielte, sowie verschiedene Prototypen der Lockheed Martin Skunk Works, darunter frühe Modelle der legendären SR-71 Blackbird. Auch die Entwicklung moderner Tarnkappenflugzeuge wie der F-117 Nighthawk und der B-2 Spirit wird hier dokumentiert. Besonders beeindruckend ist die Sammlung von historischen Testflugzeugen, die von der U.S. Air Force für Hochgeschwindigkeits- und Höhenforschungsflüge genutzt wurden.

Neben der Ausstellung von Luftfahrzeugen widmet sich das Museum auch der Geschichte der Testpiloten, die in Palmdale und Edwards einige der gefährlichsten und revolutionärsten Flüge der Luftfahrtgeschichte unternommen haben. Besucher erhalten Einblicke in die Entwicklung von Flugzeugtechnologien, die sowohl die militärische als auch die zivile Luftfahrt geprägt haben. In den kommenden Jahren plant das Museum eine größere Erweiterung, um noch mehr historische Flugzeuge auszustellen und die Verbindung zwischen Vergangenheit, Gegenwart und Zukunft der Luftfahrt zu verdeutlichen. Ein echter Hingucker ist die modifizierte Boeing 747, die das Space Shuttle auf ihrem Rücken transportierte – der sogenannte „Shuttle Carrier“. ◂

Foto: Sebastian Thoma | photo.atcpilot.com

Luftfahrtmuseen in Europa

Auch in Europa wurde Luftfahrtgeschichte geschrieben, von der einige bedeutende Flugzeuge konserviert worden sind. Das wohl fortschrittlichste Flugzeug seiner Zeit war die Concorde. Das Flugzeug mit der Seriennummer 1 ist im Musée de l'Air et de l'Espace am Flughafen Paris Le Bourget ausgestellt. Es ist eines der bekanntesten Luftfahrtmuseen Europas. Eine weitere Concorde findet man neben Exponaten wie der Tupolew TU-144 im Technik Museum Sinsheim. Auch das Deutsche Museum in München und das Technik Museum in Berlin bieten beeindruckende Sammlungen, die an die Errungenschaften der Luftfahrt erinnern und vor allem Deutsche Entwicklungen von Dornier, Junkers und Messerschmitt beherbergen. Weitere bedeutende Luftfahrtmuseen befinden sich in Lelystad, nordöstlich von Amsterdam sowie im britischen Duxford. ◂

Foto: Sebastian Thoma | photo.atcpilot.com

← Diese Iljuschin IL-18 ist eine von vielen sowjetischen Maschinen, die in einem Museum am Flughafen Budapest ausgestellt sind. Neben der Tupolew TU-154, einer Antonow AN-2 und vielen weiteren, trägt sie die Lackierung der traditionsreichen, ungarischen Fluglinie Malev, die 2012 den Betrieb einstellte.

→ Nicht nur in Toulouse, sondern auch am Standort Finkenwerder hat Airbus einige Exponate für die Nachwelt vor der Verschrottung gerettet. Dazu zählen die Noratlas, eine C-160 Transall, ein Super Guppy, sowie der HFB 320 Hansa Jet. Letzterer war das erste in Serie gebaute Zivilflugzeug Deutschlands mit Strahltriebwerken.

Foto: Sebastian Thoma | photo.atcpilot.com

↑ Die Dassault Mercure im Musée de l'Air et de l'Espace in Le Bourget bei Paris – ein technisches Meisterwerk der französischen Luftfahrtindustrie, das nie seinen wirtschaftlichen Durchbruch schaffte. Trotz beeindruckender Flugleistungen und Ähnlichkeiten zur Boeing 737 blieb die Mercure ein kommerzieller Misserfolg: Nur zwölf Exemplare wurden gebaut und ausschließlich von Air Inter betrieben.

Foto: schreiberVIS, Joachim Schreiber

↑ In Sinsheim steht die Concorde mit ihrem sowjetischen Pendant, der Tupolew TU-144 auf dem Dach des Museums. Über eine Treppe gelangen Besucher auch ins Innere der Überschall-Jets.

Foto: Sebastian Thoma | photo.atcpilot.com

← Direkt am Werksgelände in Toulouse betreibt Airbus ein Museum und zeigt die Geschichte des Flugzeugherstellers. Hier zu sehen ist der Airbus A300 neben dem Transportflugzeug Super Guppy. Weitere Exponate sind eine Concorde, die Airbusmodelle A320, A340-600 und A380, eine ATR-Turboprop und viele weitere.

Shaping the Future of Aviation
Zero Emission Aviatio
Lufthansa
Technik
DLR
ZAL
Hamburg Airport
Hamburg

Wie sieht die Zukunft aus?

7

Nachhaltigkeit und die Zukunft des Flugzeugrecyclings

Foto: Sebastian Thoma | photo.atcpilot.com

↑ Ein ausgemusterter Airbus am Flughafen Hamburg dient als Forschungsträger für neue Antriebstechnologien wie Wasserstoff. Es ist ein Gemeinschaftsprojekt, an dem unter anderem der Flughafen Hamburg, das Deutsche Zentrum für Luft- und Raumfahrt sowie Lufthansa Technik beteiligt sind.

Angesichts der wachsenden Bedeutung von Nachhaltigkeit und Ressourcenschonung ist das Recycling von Flugzeugen ein Thema, das in den kommenden Jahren weiter an Bedeutung gewinnen wird. Der Druck auf die Luftfahrtindustrie, ihre Umweltauswirkungen zu minimieren, steigt und Fluggesellschaften sind zunehmend daran interessiert, ihre stillgelegten Flugzeuge umweltfreundlich zu entsorgen.

Moderne Recyclingverfahren konzentrieren sich darauf, den Anteil wiederverwendbarer Materialien zu maximieren und die Entsorgung gefährlicher Stoffe sicherzustellen. Es gibt Bestrebungen, den Anteil recycelbarer Teile von Flugzeugen auf über 90% zu steigern. Gleichzeitig wird an neuen Technologien gearbeitet, die es ermöglichen, Materialien wie Kohlefaser, die in modernen Flugzeugen immer häufiger eingesetzt werden, effizient zu recyceln.

Mit dem Wachstum der zirkulären Wirtschaft, in der Produkte am Ende ihres Lebenszyklus in neuen Formen weiterverwendet werden, könnte die Luftfahrtindustrie in Zukunft noch kreativer werden, wenn es darum geht, aus alten Flugzeugen neue Produkte zu schaffen.

Die Luftfahrtindustrie steht vor einer Zeit tiefgreifender Veränderungen, da der Druck, umweltfreundlicher zu werden, stetig wächst. Insbesondere der steigende Fokus auf den Klimawandel und die Reduzierung von Emissionen zwingt die Branche, über alternative Antriebe und effizientere Flugzeugdesigns nachzudenken. In diesem Kapitel werfen wir einen Blick auf die technologischen Entwicklungen, die die Luftfahrt in den kommenden Jahrzehnten prägen werden, sowie auf die Bemühungen, den Flugverkehr nachhaltiger zu gestalten.

Elektrische Antriebe – Die Revolution in der Luftfahrt

Die Elektrifizierung von Flugzeugen gilt als eine der vielversprechendsten Entwicklungen, um den CO_2-Ausstoß in der Luftfahrt drastisch zu reduzieren. Während der elektrische Antrieb bereits in Autos und Bussen eingesetzt wird, ist seine Anwendung in der Luftfahrt weitaus komplexer. Die Herausforderung liegt dabei in der Energiedichte von Batterien, die derzeit noch nicht ausreicht, um große Flugzeuge über lange Strecken zu betreiben.

Dennoch gibt es bereits Fortschritte im Bereich kleinerer, elektrisch betriebener Flugzeuge. Unternehmen wie Pipistrel und Eviation Aircraft arbeiten an elektrisch angetriebenen Kleinflugzeugen, die sich insbesondere für Kurzstreckenflüge oder als regionale Transportlösungen eignen.

↓ Diese Dornier Do-328 ist ein fliegendes Testlabor. Es dient der Erforschung umweltverträglicher Technologien und alternativer Treibstoffe.

Foto: DLR

↓ Viele unterschiedliche Konzepte sind gerade in der Forschung. Das Kurz- und Mittelstreckenflugzeug der Zukunft könnte Propeller haben und andere Antriebstechnologien verwenden, als heute bekannt.

Die Eviation Alice, ein vollständig elektrisch betriebenes Neunsitzerflugzeug, ist eines der am weitesten fortgeschrittenen Projekte in diesem Bereich. Es wird erwartet, dass elektrische Flugzeuge zunächst auf Strecken von 300 bis 500 Kilometern zum Einsatz kommen, bevor größere Modelle und längere Strecken möglich werden.

Ein weiteres bahnbrechendes Konzept ist das sogenannte Hybridflug-

Foto: DLR

zeug, bei dem herkömmliche Triebwerke mit elektrischen Motoren kombiniert werden, um den Treibstoffverbrauch und die Emissionen zu reduzieren. Diese Technologie könnte als Zwischenschritt zur vollständigen Elektrifizierung der Luftfahrt dienen und bereits in den nächsten 10 bis 15 Jahren auf den Markt kommen.

Wasserstoff – Der Brennstoff der Zukunft?

Neben elektrischen Antrieben wird Wasserstoff als potenzieller Kraftstoff der Zukunft betrachtet. Wasserstoff bietet im Vergleich zu fossilen Brennstoffen den großen Vorteil, dass er bei der Verbrennung kein CO_2 freisetzt, sondern lediglich Wasser. Zudem hat Wasserstoff eine höhere Energiedichte als Batterien, was ihn für den Einsatz in der Luftfahrt attraktiv macht.

Ein solches Flugzeug könnte entweder mit modifizierten Turbinen fliegen, die Wasserstoff verbrennen, oder mit Brennstoffzellen, die elektrische Energie erzeugen und so elektrische Motoren antreiben.

Allerdings bringt auch der Einsatz von Wasserstoff Herausforderungen mit sich. Er muss entweder in flüssiger Form bei extrem niedrigen Temperaturen oder unter hohem Druck gelagert werden, was spezielle Tanks und Infrastrukturen erfordert. Dennoch arbeiten große Flugzeughersteller wie Airbus an wasserstoffbetriebenen Flugzeugen. Airbus hat im Rahmen seines ZEROe-Projekts 2020 mehrere Konzepte vorgestellt, die auf Wasserstoff als Treibstoff setzen und bis 2035 serienreif sein sollten. Im Februar 2025 wurde jedoch bekannt gegeben, dass die Technologie noch fünf bis zehn Jahre hinter dem Zeitplan hänge und wohl erst in der zweiten Hälfte des Jahrhunderts mit einem serienreifen Flugzeug zu rechnen ist.

Das Deutsche Zentrum für Luft- und Raumfahrt (DLR) nutzt unter anderem eine Dornier Do328 als fliegendes Labor und will in enger Zusammenarbeit mit der Industrie und verschiedenen Start-Ups möglichst technologieoffen alternative Antriebstechniken erforschen. Erste Flugversuche haben schon stattgefunden. Dabei wurde eine Simulation von Wasserstoff-Abgasen durch ein Messflugzeug begleitet. ◂

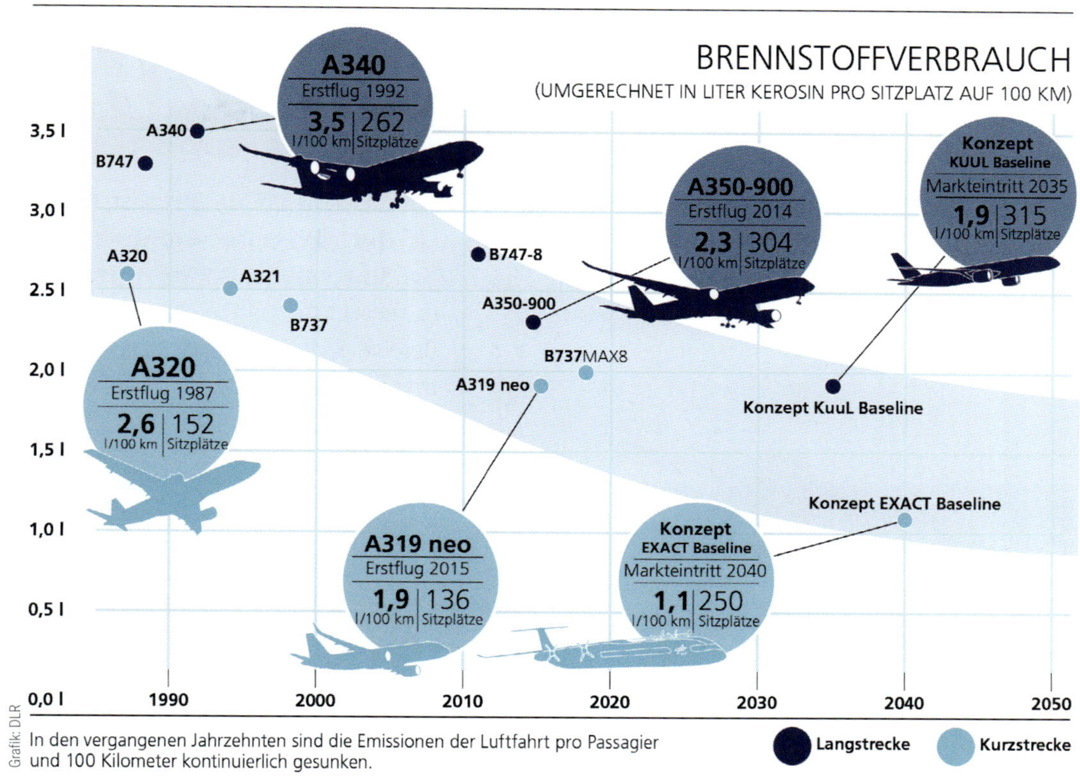

In den vergangenen Jahrzehnten sind die Emissionen der Luftfahrt pro Passagier und 100 Kilometer kontinuierlich gesunken.

↑ Diese Grafik zeigt deutlich, wie sich der Kraftstoffverbrauch auf der Kurz- und Langstrecke entwickelte und was noch möglich ist.